绍兴文理学院出版基金资助

U0149692

Shipin Zhiliang
Anquan Fengxian Yanjiu
——Yi Changsanjiao Diqu Wei Li

食品质量安全风险研究

——以长三角地区为例

晚春东 著

中国财经出版传媒集团

经济科学出版社

Economic Science Press

图书在版编目（CIP）数据

食品质量安全风险研究：以长三角地区为例/晚春
东著 . —北京：经济科学出版社，2021.7
ISBN 978 - 7 - 5218 - 2664 - 7

Ⅰ. ①食…　Ⅱ. ①晚…　Ⅲ. ①长江三角洲 - 食品安全
- 质量管理 - 风险管理 - 研究　Ⅳ. ①TS201.6

中国版本图书馆 CIP 数据核字（2021）第 128498 号

责任编辑：刘　莎
责任校对：齐　杰
责任印制：王世伟

食品质量安全风险研究
——以长三角地区为例
晚春东　著

经济科学出版社出版、发行　新华书店经销
社址：北京市海淀区阜成路甲 28 号　邮编：100142
总编部电话：010 - 88191217　发行部电话：010 - 88191522
网址：www. esp. com. cn
电子邮箱：esp@ esp. com. cn
天猫网店：经济科学出版社旗舰店
网址：http：//jjkxcbs. tmall. com
北京季蜂印刷有限公司印装
710 × 1000　16 开　14.25 印张　200000 字
2021 年 7 月第 1 版　2021 年 7 月第 1 次印刷
ISBN 978 - 7 - 5218 - 2664 - 7　定价：49.00 元
（图书出现印装问题，本社负责调换。电话：010 - 88191510）
（版权所有　侵权必究　打击盗版　举报热线：010 - 88191661
QQ：2242791300　营销中心电话：010 - 88191537
电子邮箱：dbts@ esp. com. cn）

前　言

党的十九大报告提出，食品安全问题要坚持以预防为主，实施食品安全战略，让人民吃得放心。树立安全发展理念，弘扬生命至上、安全第一的思想，坚决遏制重特大安全事故。食品质量安全已经成为当今人类共同面临的挑战，也是中国国家安全的重要组成部分，事关广大人民群众的身心健康和生命安全，解决食品质量安全问题更是我国的国家战略之一。为此，2015年国家颁布实施了《中华人民共和国食品安全法》（以下简称《食品安全法》），《食品安全法》实施以来，我国食品安全整体水平稳步提升，食品安全总体形势不断好转，但仍存在部门间协调配合不够顺畅，部分食品安全标准之间衔接不够紧密，食品生产、贮存、运输以及销售等环节不够规范，食品虚假宣传时有发生等问题，需要进一步解决。2019年新修订的《食品安全法》更是"严"字当头，旨在确保食品质量安全。

然而，从近些年来食品质量安全管理的理论与实践上看，以往事后的食品质量安全危机应对思维与行为已经无法从根本上解决当前仍然频发的食品质量安全问题，对食品质量安全突发事件的事后应急管理无论是理论上还是实践上都应该向前进一步延伸到对食品质量安全风险的管理。由此可见，加快转变理念并深入探究食品质量安全风险生成、传导、爆发、预警以及调控等问题已成为当务之急。考虑到食品不同于一般产品，食品质量安全风险的来源和调控方式独特，供应链环境下的食品质量安全风险管理问题是一个复杂且亟待深入研究的课题。

本书共分为 5 章，主要研究内容包括基于长三角地区数据支持的供应链环境下食品质量安全风险识别、演变、评估、预警及控制等问题，具体内容安排如下：

第 1 章：绪论，主要包括研究背景、研究意义以及长三角地区食品工业发展现状概述及近 20 年来发生的长三角地区食品质量安全典型事件，为后续研究提供例证资料。

第 2 章：首先回顾供应链环境下食品质量安全风险研究的进展情况；其次界定若干重要基本概念，主要围绕供应链环境下的食品质量安全风险问题，着重对食品质量、食品安全、食品质量安全、食品质量安全风险等关键概念进行界定与辨析，为后续开展相关研究奠定基础。

第 3 章：开展食品质量安全风险演变机理研究，主要包括运用解释结构模型（ISM）技术等方法，提出了供应链环境下食品质量安全风险生成机理和传导机理，深刻分析了食品供应链质量安全风险传导动因。采用弹性系数法，深入研究了供应链环境下食品质量安全风险传导效应。

第 4 章：进行食品质量安全风险度量研究，主要包括根据长三角地区发生的典型食品质量安全事件，运用灰色关联度分析法对食品供应链各环节发生食品质量安全风险的可能性及其风险因素的影响程度进行排序；从食品供应链出发，建立食品质量安全风险预警指标体系，利用粗糙集的属性约简处理食品质量安全风险预警指标体系，采用突变模型和灰色理论构建风险预警模型，并以长三角地区上海市为例，运用该模型对其食品质量安全风险因素进行现状量化分析和未来风险预测预警。

第 5 章：研究供应链环境下食品质量安全风险调控，主要包括以博弈论为分析工具，构建了食品供应商与食品制造商质量安全风险调控投资模型，分析了食品供应链中供应商和制造商的风险投资行为；研究食品生产者与消费者之间以及食品生产者与政府监管部门之间在进行食品质量安全风险控制中的博弈关系；进一步引入消费替代参数，构建了嵌入政府监管者的食品生产商和消费者之间的动态博弈模型，研究了食品生产商、消费者以及政府监管者之间的均衡行为策略，并进行了算例仿真检验分析；通过引入有效抽检率，构建了嵌入政府监管者的食品原材料供应商和食品生产商之间的动态演化博弈模型，研究了食品原材料供应商、食品生产商以及政府监管者之间的均衡行为策略，进行了相应的算例仿真分析，并根据不同的博弈模型推理，分别提出了相应的食品供应链质量安全风险调控对策建议；以长三角为例，梳理总结了该地区近年来食品质量安全风险防控协调机制的建设与实践。

　　本书的出版得到了国家自然科学基金、绍兴文理学院出版基金和新结构经济学长三角研究中心的共同支持，在此特表感谢！

　　由于时间有限，书中的不足之处在所难免，恳请广大读者批评指正，在此谨致衷心谢意！

作者

2021 年 7 月 1 日

目　　录

第1章 绪 论

1.1 研究背景与研究意义

民以食为天，食以安为先，食品质量安全问题已经成为我国政府、企业、学者和大众关注的焦点，成为当今人类共同面临的严峻挑战，确保食品质量安全更是实施健康中国战略的重要组成部分。随着人们生活水平的不断提高，广大消费者对食品质量安全的要求也越来越高。然而近些年来，我国食品质量安全事件却频繁发生，例如，苏丹红事件（2005年）、三鹿奶粉事件（2008年）、砒霜门事件（2009年）、地沟油事件（2010年）、双汇瘦肉精事件（2011年）、白酒塑化剂事件（2012年）、湖南毒大米事件（2013年）、织纹螺中毒事件（2017年）等。根据卫生部办公厅发布的相关食品质量安全情况通报整理，2001~2010年（2007年仅为1~6月份数据），我国食品质量安全事件报告数量超过2 997例，中毒人数113 341（王新平等，2012）。这些给中国食品行业发展、消费者身心健康和社会稳定造成了严重后果，使食品质量安全处于高风险状态之中，还直接导致相关食品供应链运行效率和效益大幅下降，甚至造成食品企业破产和供应链系统的中断与崩溃。对于食品供应链而言，在食品的易腐性、难储性、季节性等特性的制约下，食品供应链具有消费者忠诚度不高，消费周期短，周转环节多，对产品运输、质量安全、库存配置要求高等特点，这些大大增加了食品供应链的脆弱性，极易造成食品质量安全事件的频繁发生。

一次又一次的食品质量安全事件拷问着政府的监管成效和企业的社会责任与公德，一次又一次的食品质量安全悲剧给广大人民群众带来了担忧与焦虑。这些严峻的现实问题已经对传统的食品质量安全管理提出了新的挑战，也引发了人们对此类偶发事件背后必然性的思考。大量理论和实证研究表明，由于食品具有显著的经验品和信任品特征，加之食品质量安全标准的相对性以及标准的动态变化性，导致食品质量安全只能是相对的安全，绝对的安全是不存在的，这就从客观上为食品质量安全埋下了风险的隐患。从食品质量安全管理的历史经验和现实情况上看，各相关利益主体以往的事后危机应对行为和简单感性的风险控制思维是无法从根本上解决食品质量安全的问题，这也是当前我国食品质量安全事件频发难以根治的原因，亟须转变理念并提出新的理论方法加以破解。由此可见，对食品质量安全突发事件的事后应急管理，无论是理论上还是实践上，都应该向前延伸到对食品质量安全风险的管理。

著名的危机管理专家罗伯特·希斯曾经说过："再好的治疗也比不过提前预防"。食品质量安全风险管理就是避免食品质量安全危机和降低食品质量安全突发事件应急管理成本及严重后果的最适宜方法。我国食品加工源头长期形成的小规模分散化经营格局造成了食品生产过程的不确定性和产业链的利益断裂性，同时食品供应链由于受食品本身及生产特性的影响，其管理有别于一般行业和产品供应链，它在质量安全风险变动及调控等方面独具特色，目前针对食品供应链质量安全风险演变规律问题的研究还很少见。就有关食品供应链风险管理研究的现状来看，国内外的研究成果涉及了食品供应链风险概念，以及风险识别、评估控制、应急管理等方面，但还有一些被忽视的关键问题，诸如食品供应链运行中质量安全风险是如何生成、传导和爆发的？是否存在特定的变动规律？这些规律对风险预警及防控有哪些影响？如果不能追根溯源解决这一问题，有关食品质量安全的研究将只能浮在表面，从而势必影响食品质量安全风险的有效监控和风险突变的应急管理实效。而实践中，目前我国食品企业尤其缺乏针对供应链运行中食品质量安全风险识别、演变、预警、优化调控及其实践应用方面的深入研究成果，迫切希望获得有效的理论和方法来指导。

正是鉴于理论和实践上的迫切需要，本书具有重要的理论意义和实际应用价值，主要依据在于：（1）当下开展食品供应链质量安全风险演变机理的研究，有助于深刻揭示风险的变动规律，为从根本上解决食品质量安全危机问题提供理论指导。（2）开展供应链环境下的食品质量安全风险测度研究，既是对风险演变规律研究成果的延伸，又是体现风险调控理论与实践研究价值的基础，其成果可以为食品质量安全风险防控决策提供科学依据。（3）将探究基于风险演变规律的食品供应链质量安全风险调控优化组合模型及方法，这是对食品质量安全风险管理技术的创新尝试，突破了以往不考虑风险动态变动特征和调控损益的局限，旨在为食品供应链质量安全风险调控提供有效的系统解决方案。（4）本书不仅是对食品质量安全管理理论体系的重要补充和拓展，还是对食品供应链风险管理理论的丰富与完善，可以为提升食品供应链的质量安全管理水平开辟新的途径。（5）基于长三角地区相关信息证据，密切结合长三角地区近年来发生的典型食品质量安全事件开展案例研究，这在当前长三角一体化发展国家战略大背景下，形成的研究成果不仅可以对近年来食品质量安全风险事件频发和信任危机严重的长三角地区乃至全国食品供应链质量安全管理具体工作起到重要的理论指导作用，还可以为其他类型的供应链风险管理实践提供理论借鉴和实际操作方法。

1.2　长三角地区食品工业发展现状概述

1.2.1　长三角地区食品工业发展的规模与效益

长三角地区是我国经济发展最活跃、开放程度最高、创新能力最强的区域之一，在国家现代化建设大局和全方位开放格局中具有举足轻重的战略地位。而食品工业是关系到国民生计的重要问题，也是长三角区域一体化发展的重要组成部分。随着经济发展和人们生活水平的提高，人们对于食品的需求逐步从"吃饱"向"吃好"转变，这既对食品工业的发展提出了更高的要求，也为食品工业的发展提供了更大的空间。

1. 发展平稳增长，增速较为稳定

长三角地区食品工业主动适应经济发展新常态，不断优化和调整产业结构，加快转型升级，食品工业主要经济指标较往年均有不同程度的提高，在保障民生、拉动消费、促进经济与社会发展等方面继续发挥支柱性作用。就地区整体而言食品工业发展平稳，市场供应充足，产业规模基本稳定，经济效益持续提高，以上海市、浙江省为例，如表1-1、表1-2所示，其中的比重为食品工业总产值与地区全部工业总产值之比。

表 1 - 1　　　　　2014～2018 年上海市食品工业总产值情况

行业	2018 年		2017 年		2016 年		2015 年		2014 年	
	工业总产值（亿元）	比重（%）	工业总产值（亿元）	比重（%）	工业总产值（亿元）	比重（%）	工业总产值（亿元）	比重（%）	工业总产值（亿元）	比重（%）
食品工业	1 038.7	3.0	1 018.0	3.0	1 009.3	3.2	1 041.4	3.5	1 092.5	3.5
农副食品加工业	296.5	0.9	319.9	0.9	324.3	1.0	333.8	1.1	351.3	1.1
食品制造业	643.5	1.8	593.9	1.7	588.6	1.9	597.9	2.0	631.3	2.0
酒、饮料和精制茶制造业	98.7	0.3	104.2	0.3	96.4	0.3	109.7	0.4	109.9	0.4

表 1 - 2　　　　　2015～2019 年浙江省食品工业总产值情况

行业	2019 年		2018 年		2017 年		2016 年		2015 年	
	工业总产值（亿元）	比重（%）	工业总产值（亿元）	比重（%）	工业总产值（亿元）	比重（%）	工业总产值（亿元）	比重（%）	工业总产值（亿元）	比重（%）
食品工业	1 824.3	2.5	1 743.9	2.5	1 884.9	2.8	2 139.2	3.1	2 082.1	3.1
农副食品加工业	866.3	1.2	830.0	1.2	947.7	1.4	1 105.5	1.6	1 061.7	1.6
食品制造业	521	0.7	493.1	0.7	506.5	0.8	553.5	0.8	549.5	0.8
酒、饮料和精制茶制造业	437	0.6	420.8	0.6	430.7	0.6	480.2	0.7	470.9	0.7

上海市食品工业企业发展总体较平稳，食品工业总产值超过

1 000亿元。由表1-1（以下除特别说明外，图、表中的数据均来自全国和上海、浙江、江苏、安徽三省一市统计年鉴）可知，2018年，食品工业规模以上企业总产值为1 038.7亿元，占本地区工业总产值的3.0%，其中农副食品加工业总产值为296.5亿元，占本地区工业总产值的0.9%；食品制造业总产值为643.5亿元，占本地区工业总产值1.8%；酒、饮料和精制茶制造业总产值为98.7亿元，占本地区工业总产值的0.3%。上海市通过整合提升，构建了较为完整的食品工业产业体系，形成了一批富有竞争力的企业集团，如光明食品集团、良友集团、水产集团等；形成了一批有影响力的"三资"和民营企业，如上好佳中国、克莉丝汀、太太乐、川崎公司等；一批世界食品跨国公司投资上海，如可口可乐、百事可乐公司等，为上海食品产业发展注入了新的经营理念和管理技术。现在，上海已逐步形成了以国有大型核心企业为主体，农业产业化龙头企业、"三资"企业、民营企业和外资企业共同发展的具有都市特色的食品产业集群，使上海食品产业的整体素质得到提高，综合竞争力显著上升，食品质量安全形势总体不断向好。

浙江省食品工业发展较为稳定，规模以上企业工业总产值占比稳中有升。2019年，食品工业规模以上企业工业总产值为1 824.3亿元，占本地区工业总产值的2.5%，其中，农副食品加工业工业总产值为866.3亿元，占本地区工业总产值的1.2%；食品制造业工业总产值为521亿元，占本地区工业总产值的0.7%；酒、饮料和精制茶制造业工业总产值为437亿元，占本地区工业总产值的0.6%。与2018年度相比，农副食品加工业，食品制造业，酒、饮料和精制茶制造业的工业总产值均有所增加。

2. 经济效益持续改善

长三角地区食品工业经济效益总体较为稳定，2018年沪、苏、皖三地规模以上食品工业企业实现主营业务收入 9 559.46 亿元,利润总额 743.69 亿元。与往年相比,主营业务收入有所下降,但相比之下利润总额较为稳定,这与长三角各地区实行企业转型、技术升级、质量提升有密切关系,具体如图 1-1、图 1-2 所示。

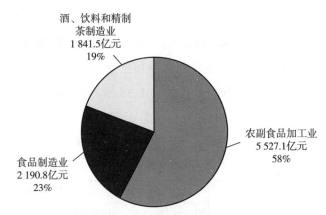

图 1-1 2018 年沪、苏、皖食品工业主营业务收入构成

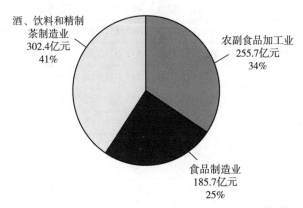

图 1-2 2018 年沪、苏、皖食品工业利润总额构成

就各地区而言,上海市近年来食品工业发展较好,食品工业规模以上企业主营业务收入及利润总额稳步提升,其中 2018 年食品制

造业年主营收入 733.34 亿元，利润总额为 68.25 亿元，占上海市食品工业利润的 76.9%。江苏省和安徽省是粮食大省，农副食品加工业产业体系完善，2018 年，江苏省农副食品加工业规模以上企业主营业务收入为 3 010.16 亿元，占全省食品工业主营业务收入的 60.4%，创造了 118.3 亿元的利润。近两年安徽省酒、饮料和精制茶制造业发展迅速，2018 年规模以上企业主营业务收入同比增长 56.8%，利润总额达到 92.69 亿元。2018 年，江苏省食品工业经济效益总体有所下降，尤其是农副食品加工业，但酒、饮料和精制茶制造业经济效益有所提升，具体如表 1 - 3 所示。

表 1 - 3　　　　　 2016～2018 年长三角地区沪、苏、皖
食品工业经济效益指标　　　　　 单位：亿元

地区	行业	主营业务收入			利润总额		
		2018 年	2017 年	2016 年	2018 年	2017 年	2016 年
上海	食品工业	1 260.6	1 259.4	1 239.0	88.8	88.9	68.0
	农副食品加工业	382.1	420.2	405.4	15.7	13.6	14.4
	食品制造业	733.3	697.2	705.1	68.3	65.9	43.5
	酒、饮料和精制茶制造业	145.1	142.0	128.5	4.8	9.4	10.1
江苏	食品工业	4 987.7	6 793.7	7 418.1	401.0	535.1	586.9
	农副食品加工业	3 010.2	4 475.3	5 100.7	118.3	234.7	325.2
	食品制造业	859.1	1 065.8	1 162.9	77.9	97.5	82.7
	酒、饮料和精制茶制造业	1 118.5	1 252.6	1 154.5	204.8	202.9	179.0
安徽	食品工业	3 311.2	3 709.5	4 522.2	253.9	223.7	243.6
	农副食品加工业	2 134.8	2 832.2	3 134.3	121.7	109.9	128.6
	食品制造业	598.4	508.8	729.9	39.6	35.1	39.0
	酒、饮料和精制茶制造业	577.9	368.6	658.0	92.7	78.7	76.0

续表

地区	行业	主营业务收入			利润总额		
		2018 年	2017 年	2016 年	2018 年	2017 年	2016 年
合计	食品工业	9 559.5	11 762.6	13 179.3	743.7	847.8	898.4
	农副食品加工业	5 527.1	7 727.8	8 640.5	255.7	358.2	468.2
	食品制造业	2 190.8	2 271.7	2 597.8	185.7	198.5	165.2
	酒、饮料和精制茶制造业	1 841.5	510.6	1 941.1	302.4	291.1	265.0

长三角地区素来有鱼米之乡的美称，农业、食品工业基础较好，区域内拥有很多大规模的食品企业。由于地理位置、基础设施、人员素质、科研水平明显高于其他地区，长三角地区食品工业随着全国食品工业的发展得到了长足进步，从全国范围看，长三角地区食品工业的地位非常重要。2018 年，长三角地区沪、苏、皖三地食品工业规模以上企业主营业务收入为 9 559.5 亿元，占全国食品工业主营业务收入的 11.8%；利润总额为 743.7 亿元，占全国食品工业利润总额的 12.9%。其中，酒、饮料和精制茶制造业贡献率最大，规模以上企业主营业务收入为 1 841.5 亿元，占全国酒、饮料和精制茶制造业主营业务收入的 12%；利润总额为 302.4 亿元，占全国的 14.45%。

1.2.2 长三角地区食品工业的结构

1. 长三角地区食品工业企业的规模结构

在长三角地区苏、浙、皖三省中，江苏省食品工业规模以上企业平均规模最大，浙江次之，安徽最小，平均规模分别为 16 349.2 万元、18 426.9 万元、8 449.3 万元，江苏省和浙江省食品工业规模以上企业平均规模均高于全国平均水平。浙江省农副食品加工业，食品制造业，酒、饮料和精制茶制造业规模以上企业平均规模分别为 12 350.0 万元、18 071.4 万元、26 372.2 万元，均高于当年全国 12 320.0 万元、17 416.7 万元、25 993.7 万元的平均水平。江苏省农副食品加工业，食品制造业，酒、饮料和精制茶制造业规模以上企业平均规模分别为 11 919.5 万元、19 193.5 万元、73 465.7 万元，前两项与全国平均水平相近，第三项明显高于全国平均水平，表明江苏省酒和饮料制造业集约化程度很高。安徽省食品工业企业平均规模相对较小，农副食品加工业，食品制造业，酒、饮料和精制茶制造业规模以上企业平均规模分别为 6 411.4 万元、7 495.2 万元、18 155.3 万元，均低于全国平均水平，具体如表 1-4 所示。

表 1-4   2018 年长三角地区浙、苏、皖及全国食品工业企业平均规模

地区	行业	平均规模（万元）
浙江	食品工业	16 349.2
	农副食品加工业	12 350.0
	食品制造业	18 071.4
	酒、饮料和精制茶制造业	26 372.2
江苏	食品工业	18 426.9
	农副食品加工业	11 919.5
	食品制造业	19 193.5
	酒、饮料和精制茶制造业	73 465.7
安徽	食品工业	8 449.3
	农副食品加工业	6 411.4
	食品制造业	7 495.2
	酒、饮料和精制茶制造业	18 155.3

续表

地区	行业	平均规模（万元）
全国	食品工业	15 723.1
	农副食品加工业	12 320.0
	食品制造业	17 416.7
	酒、饮料和精制茶制造业	25 993.7

2. 长三角地区食品工业企业的所有制结构

从整体上看，长三角地区食品工业市场化程度较高，国有企业改制较快。2018 年浙江省食品工业国有企业中农副食品加工业，食品制造业，酒、饮料和精制茶制造业企业所占比重分别为 2.5%、1.7%、0.9%；江苏省食品工业国有企业中农副食品加工业，食品制造业，酒、饮料和精制茶制造业企业所占比重分别为 3.0%、1.6%、1.2%；安徽省食品工业国有企业中农副食品加工业，食品制造业，酒、饮料和精制茶制造业企业所占比重分别为 3.5%、1.1%、0.6%。均低于全国 3.5%、1.7%、1.5% 的平均水平，具体如表 1-5 所示。

表 1-5 2018 年长三角地区浙、苏、皖食品工业国有控股企业情况

地区	行业	企业数量		资产		利润	
		数量（家）	比重（%）	资产合计（亿元）	比重（%）	利润总额（亿元）	比重（%）
浙江	食品工业	41.0	5.0	137.8	1.1	8.0	1.0
	农副食品加工业	20	2.5	60.4	0.5	4.4	0.5
	食品制造业	14	1.7	24.7	0.2	1.3	0.2
	酒、饮料和精制茶制造业	7	0.9	52.7	0.4	2.2	0.3

续表

地区	行业	企业数量		资产		利润	
		数量（家）	比重（%）	资产合计（亿元）	比重（%）	利润总额（亿元）	比重（%）
江苏	食品工业	62	5.8	790.3	3.6	157.7	11.9
	农副食品加工业	32	3.0	81.2	0.4	4.2	0.3
	食品制造业	17	1.6	84.3	0.4	13.0	1.0
	酒、饮料和精制茶制造业	13	1.2	624.9	2.8	140.6	10.6
安徽	食品工业	37	5.2	194.9	1.3	24.1	3.5
	农副食品加工业	25	3.5	32.0	0.2	1.5	0.2
	食品制造业	8	1.1	8.7	0.1	0.2	0
	酒、饮料和精制茶制造业	4	0.6	154.2	1.0	22.4	3.2
全国	食品工业	1 254	6.7	9 221.2	2.1	1 189.8	6.4
	农副食品加工业	646	3.5	1 885.8	0.4	55.1	0.3
	食品制造业	326	1.7	1 325.8	0.3	72.1	0.4
	酒、饮料和精制茶制造业	282	1.5	6 009.6	1.4	1 062.6	5.7

　　从企业的所有制结构上看，食品工业中私营企业数量最多，占比最大，2018 年度，私营企业数量达到 3 726 家，所占比重为85%。随着地区市场的进一步开放，外商投资和港澳台商投资企业快速发展，涌现了一大批高质量的食品企业，2018 年度外商和港澳台投资企业达到 545 家，占比 12%，进一步推动了长三角地区食品工业的发展，如图 1-3 所示。

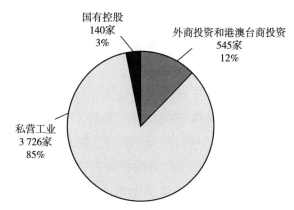

图 1 - 3　2018 年长三角地区浙、苏、皖食品工业企业所有制结构情况

从浙江省来看，它是我国市场经济发展最快、经济效率最高的地区之一，也是市场化程度最高的地区之一。2018 年浙江省食品工业规模以上私营工业企业数量为 789 家，资产合计 706.7 亿元，创造了 41 亿元的利润，占全省食品工业规模以上企业利润总额的 32.9%。就各个类别来看，农副食品加工业数量最多，占全省农副食品加工业规模以上企业数量的 72.5%。利润总额占比为 43.3%，相比之下，食品制造业发展较为滞后，利润总额较低。具体如表 1 -6 所示。

表 1 - 6　　2018 年浙江省食品工业规模以上私营工业企业情况

行业	企业数量		资产		利润	
	数量（家）	比重（%）	资产合计（亿元）	比重（%）	利润总额（亿元）	比重（%）
食品工业	789	65.5	706.7	35.9	41.0	32.9
农副食品加工业	486	72.5	359.94	43.5	13.68	43.3
食品制造业	175	54.3	181.59	31.2	9.00	20.3
酒、饮料和精制茶制造业	128	60.4	165.21	29.5	18.28	37.8

注：表 1 -6 中的比重是指浙江省 2018 年食品工业规模以上私营工业企业相应指标值占全省食品工业规模以上工业企业的比例，如 2018 年浙江省规模以上食品工业企业数量为 1 204 家，计算 789/1 204 保留一位小数得到。

1.2.3　长三角地区食品质量安全问题

近些年来，长三角地区食品工业总体上取得了长足发展，而且随着国家食品工业标准法规体系不断完善和《中华人民共和国食品安全法》等一系列政策法规的制定和实施，特别是长三角"三省一市"（沪苏浙皖）相继建立了食品质量安全监管机制，长三角地区食品质量安全水平不断提高。诸如上海通过社会多方"共治"，共建食品安全；依托各种自管组织进行食品质量安全自主管理；委托人大代表、政协委员和专家等群体，组建食品质量安全社会监督员队伍。江苏省通过强化协作联动，构建食品领域严重失信行为联合惩戒机制，建立了跨区联动的食品质量安全信息追溯与信用联合惩戒机制。浙江省以开展联合整治行动为抓手，深入推进食品质量安全社会共治举措，不断完善沟通协作机制，形成工作合力，实现多元共治格局。安徽省在整合协同监管系统门户功能的基础上，建立了"双随机、一公开"工作平台，该平台实现了全省各级涉企部门的证照信息共享，实现了与"互联网＋监管"平台的数据共享，并将结果同步到企业信用信息公示系统等平台（李留义、罗月领，2020）。

尽管以上这些食品安全保障机制探索和实践措施在一定程度上降低了食品质量安全风险，但由于长三角地区小规模食品经营者众多、生产环境和技术水平参差不齐、社会信用体系尚不健全、部分经营者遵德守法意识淡薄、整体违法成本过低、政府监管区块分割、监管规则标准不统一、信息共享存在障碍等诸多原因，导致长三角地区食品质量安全的短板问题依然存在，食品质量安全形势仍然严峻，食品质量安全危机事件仍不断发生，具体详见表 1 - 7。如2017 年浙江杭州特大生产销售假酒案、2019 年江苏南京销售有毒有害减肥食品案、2019 年上海宝山制售假冒品牌水产品案等，一系列频发的食品质量安全事故,警示人们对质量食品安全问题一刻也不能放松。

表 1-7   2001~2019 年长三角地区食品质量安全典型事件

序号	时间	事件及简介
1	2001 年 1 月	金华市卫生防疫站在金华市区五里牌楼农贸市场内查获 1 500 公斤"毒瓜子",这些西瓜子生产中掺了矿物油
2	2001 年 9 月	江苏南京冠生园问题月饼事件
3	2002 年 6 月	浙江金华假白糖事件——金华市卫生局查获 9.5 吨的假白糖,样品中蔗糖成分仅占 30%,硫酸镁成分占 30%
4	2002 年 9 月	南京市江宁区汤山镇 300 多人因食用了油条、烧饼、麻团等食物后发生中毒,导致 42 人死亡,这是一起毒鼠强投毒恶性案件
5	2003 年 11 月	杭州"毒海带"事件——杭州市场上畅销的一种碧绿鲜嫩的海带是采用"连二亚硫酸钠"和"碱性品绿"等印染化工染料浸泡出来的"毒海带"
6	2003 年 12 月	浙江金华"反季节腿"事件——金华市的三家火腿生产企业在生产"反季节腿"时,为了避免蚊虫叮咬和生蛆在制作过程中添加了剧毒农药敌敌畏
7	2003 年 12 月	安徽阜阳劣质奶粉事件
8	2004 年 6 月	安徽蚌埠"美容瓜子"事件——蚌埠市真香炒货厂违规使用工业盐、滑石粉、明矾、石蜡加工生产瓜子
9	2004 年 7 月	安徽郎溪"问题茶"事件
10	2005 年 3 月	上海肯德基苏丹红事件
11	2005 年 5 月	浙江雀巢奶粉碘超标事件
12	2006 年 2 月	江苏盐城生产经营伪劣保健食品案——经营者吉广发未取得卫生许可证从事减肥类及改善性功能类食品经营
13	2006 年 2 月	江苏常州宁康生物工程有限公司无证生产经营保健食品案
14	2006 年 4 月	江苏淮安雪梅油脂加工厂生产经营掺假食品案——使用非食品原料生产经营食用猪油

续表

序号	时间	事件及简介
15	2006 年 7 月	浙江台州"毒猪油"事件
16	2006 年 9 月	上海数百人瘦肉精中毒案——上海市 9 个区数百人发生因食用猪内脏、猪肉导致的疑似瘦肉精食物中毒事故，瘦肉精来源于浙江海盐
17	2006 年 11 月	上海多宝鱼事件——2006 年 11 月 17 日《东方早报》独家报道"上海多宝鱼药物残留超标"一事
18	2006 年 12 月	安徽繁昌一中学食品卫生存在严重安全隐患——食品店存在大量标志不全、超期和"三无"食品
19	2007 年 1 月	安徽肥西制售假酒案
20	2008 年 12 月	江苏东台销售不符合安全标准的食品案——生产、销售的食品中超标准添加已过期的亚硝酸钠
21	2009 年 1 月	江苏扬州亿豪食品工业有限公司生产、销售伪劣产品案——违规使用滑石粉等食品添加剂延长食品保质期
22	2009 年 4 月	浙江晨园乳业牛奶含致癌物事件——涉及长三角各省市生产、销售及消费
23	2009 年 4 月	安徽阜阳雨润牌午餐肉瘦肉精事件
24	2009 年 6 月	浙江嘉兴瘦肉精中毒案
25	2009 年 11 月	"荧光蘑菇"事件——涉及江苏省生产、销售及消费
26	2010 年 7 月	浙江温州制售病死猪肉案
27	2010 年 12 月	江苏无锡特大制售假劣牛肉案
28	2011 年 4 月	上海染色馒头事件——上海市浦东区华联超市等销售染色馒头，这些馒头都是回收馒头中加香精和色素加工而成
29	2011 年 4 月	牛肉膏事件——2011 年 4 月，合肥、南京等多地的一些熟食店、面馆为牟利而用牛肉膏将猪肉变牛肉
30	2011 年 5 月	雨润问题肉事件——2011 年 5 月 19 日，合肥雨润火腿被疑掺过期肉
31	2011 年 6 月	南京盐水鸭市场乱象

序号	时间	事件及简介
32	2011 年 8 月	血燕事件——浙江工商部门在流通领域食品质量例行抽检中发现,血燕中亚硝酸盐的含量严重超标 350 倍之多,其主要源自马来西亚等国家
33	2012 年 9 月	光明乳业牛奶事件——2012 年 9 月 8 日,上海多位牛奶订户通过"光明随心订"订购的 220 毫升装小口瓶鲜牛奶,送到家中后出现了异味变质
34	2013 年 2 月	浙江温州特大制售假洋酒案
35	2013 年 7 月	南京抽查夏季食用品,主要问题是菌落总数超标
36	2013 年 8 月	浙江温州黑作坊再加工变质熟食
37	2014 年 3 月	浙江杭州销售过期食品案——杭州广琪贸易有限公司以经营烘焙原料为主,主供浮力森林、可莎蜜儿、面包新语等知名烘焙蛋糕坊
38	2014 年 7 月	上海"福喜"过期肉食品安全事件——麦当劳、肯德基的肉类供应商上海福喜食品有限公司存在大量采用过期变质肉类产品的行为
39	2015 年 1 月	安徽蚌埠销售病死家禽案件
40	2015 年 5 月	安徽六安"毒豆腐"案件——为了让臭豆腐不腐烂,在臭豆腐中加入甲醛溶液,进行零售、批发销售
41	2015 年 5 月	浙江金华市串串香食品有限公司滥用食品添加剂生产肉制品案
42	2015 年 7 月	浙江温州赖中超卤味烤肉店加工销售有毒有害食品案
43	2015 年 8 月	安徽亳州生产、销售毒包子案
44	2016 年 4 月	扬州宝应毒馒头事件——江苏扬州市宝应县市场监管局在对辖区小吃店进行抽检时,发现有多家店在馒头中添加了对人体有害的含铝泡打粉
45	2016 年 2 月	上海福喜过期肉事件——2016 年 2 月 1 日上海法院依法对上海福喜肉案涉案两公司进行一审公开宣判,以生产、销售伪劣产品罪罚款 240 万元,涉事人员均被判有期徒刑

续表

序号	时间	事件及简介
46	2017 年 1 月	上海金山利用互联网生产、销售有毒、有害食品案——张某某通过在香料中添加罂粟壳粉末的方式制成"香料王"（用于制作淮南牛肉汤），并对外销售
47	2017 年 2 月	安徽安庆生产、销售不符合安全标准的食品案——徐某明购买工业盐充当食用盐，通过快递物流方式将工业盐及样品寄给安徽、广西、贵州、河南等地客户，涉案工业盐 800 余吨
48	2017 年 4 月	上海浦东生产、销售伪劣橄榄油案——陈某将过期进口橄榄油标签清洗去除后，重新印刷标签延长产品保质期，通过现场展销、网络销售等方式销往多地
49	2017 年 11 月	浙江杭州特大生产销售假酒案
50	2018 年 1 月	特大生产销售假酒案——涉及江苏南京、湖北孝感等地
51	2018 年 3 月	江苏南京生产销售假冒雀巢咖啡案——发生于南京，涉及浙江、江苏、安徽、江西省市销售及消费
52	2018 年 9 月	江苏南京销售含有瘦肉精牛肉案
53	2018 年 11 月	江苏南京生产销售注水牛肉案
54	2019 年 2 月	江苏南京销售有毒有害减肥食品案
55	2019 年 3 月	江苏扬州涉嫌生产经营超限量使用食品添加剂的食品案
56	2019 年 8 月	安徽芜湖某医疗器械经营部涉嫌销售有毒有害保健品案
57	2019 年 9 月	上海制售假冒品牌调味品案——涉及江苏、山东、河南生产、销售及消费
58	2019 年 10 月	上海宝山制售假冒品牌水产品案
59	2019 年 11 月	安徽池州某中学经营混有异物食品、经营超范围使用食品添加剂食品、经营超过保质期食品案
60	2019 年 12 月	江苏南京销售有毒有害减肥食品案

1.3　长三角地区食品质量安全典型事件

　　笔者经过大量实地调研以及文献查阅,收集、遴选、梳理出了 2001~2019 年长三角地区食品质量安全典型事件 60 例,如表 1-7 所示,所选取案例均是由政府相关部门立案侦查的食品质量安全事件或是已对消费者造成身体损害并获得赔偿的事件。

第 2 章 食品质量安全风险研究进展与基本概念

2.1 食品质量安全风险研究进展

1996 年，祖尔比尔（Zuurbier）等学者首次提出了食品供应链概念，认为食品供应链管理是食品和农产品生产销售等组织，为了降低食品和农产品物流成本、提高其质量安全和物流服务水平而进行的垂直一体化运作模式。现有文献显示，有关食品供应链质量安全风险方面的研究成果还相对较少，而在供应链环境下对食品质量安全风险演变规律进行深入研究的更为鲜见。尽管如此，近年来人们围绕供应链环境下的食品质量安全风险概念、风险因素识别、风险来源及成因、风险感知与评估以及风险控制与管理等方面展开的研究还是取得了一些的成果（Kleter G. A. et al. , 2009；C. J. Griffith et al. , 2010；Wentholt M. , Fischer A. , 2010；L. Manning et al. , 2013）。因此，本部分将对供应链环境下食品质量安全风险管理领域的国内外相关文献进行梳理，从理论视角分析供应链环境下食品质量安全风险演变规律，从方法视角分析供应链环境下食品质量安全风险调控技术，最后给出该领域未来的主要研究方向。

2.1.1　供应链环境下食品质量安全风险概念及其识别的研究进展

食品质量安全风险是指人们对食品在生产、运输、储藏、加工及销售等全过程中由于自然或人为原因所可能引致损失的感知、体验以及理性预测，并据此所作出的个体主观判断和选择（陈锡进，2011）。进一步分析突发食品安全风险，是指未预料到的偶发或自然产生的食品安全风险，同时包括了食品生产者的欺诈和恶意行为所导致的风险，该类风险具有形成原因和演变机理目前尚不清楚或不完全清楚的特征，导致现有的风险管理措施作用有限（EFSA，2007；Kleter G. A. et al.，2009；Marvin H. et al.，2009）。王铬（2009）认为食品供应链质量安全风险是在从初级农产品生产到消费的各个环节中积累形成的，风险的产生由政府失灵和市场失灵共同作用导致。

早在 1987 年，美国环保局就提出了食品安全风险排名方法，以后国外学者又建立了一些食品安全风险排名模型，这些方法为早期的食品安全风险评估起到了重要作用（汪何雅，2010）。卡内基梅隆大学弗洛里格等（Florig et al.，2001）开发了 CM 模型（carnegie mellon university model），韦伯斯特等（Webster et al.，2010）在对 CM 模型改进后，针对发病率不同、病情严重程度各异的 6 种常见食品安全问题（牛海绵状脑病、大肠杆菌、沙门氏菌等）进行了排名。模型中将食品安全问题按照危害物质分类，制作每一种食品安全问题的风险概述表（RSS），概述了风险的危害物质、风险归属清单、每一种归属的特征描述（例如低、中、高因素），还包括危害物质的风险迁移信息及技术信息参考文献等。

风险因素识别是风险管理的重要基础。食品安全问题涉及的主体有生产者、消费者、政府和大众媒体等，各主体对食品安全问题存在不同的心理反应，消费者在食品安全突发事件发生时会产生一系列的消极心理，从而引发事件的扩大化（Brewer M. S.，2007）。不同的主体还会导致对食品质量安全的认知和行为导向差异，历史与经验表明，近年来我国食品质量安全突发事件频繁发生难于治本的根源是对食品质量安全风险的认识及其管理的失效（陈锡进，2011）。王新平等（2012）认为我国食品质量安全事件频发的深层次原因并非技术问题，而是道德和法律问题，技术是食品质量安全的基础，道德是保障，法律是最后的屏障。

突发食品安全风险早期识别的过程实质上就是对相关风险信息进行设置、选择、收集、整理和评价的过程（罗季阳等，2012）。食品不同于其他产品，其质量安全可能受到的影响因素多而复杂，如使用不合格原料、过度施用化肥、农药或兽药残留、添加剂过量、微生物病源侵蚀、非食用物质加入、包装及储运环境污染等（李红，2012）。张红霞等（2013）采用内容分析法，通过对食品生产企业的食品安全事件样本统计分析，识别出影响食品生产企业食品安全的微生物超标、添加剂含量超标、含违禁物、食品变质或过期、重金属超标、混有异物等风险因素及其来源。依据风险不同分类标准，食品质量安全风险可分为显性风险和隐性风险、自然风险和人为风险、已知风险和未知风险、物理风险和化学风险、道德风险和技术风险等（Fearne et al.，2001；万俊毅等，2011）。苏珊·迈尔斯等（Susan Miles et al.，2004）通过调查问卷和使用因子分析考察了18个食品问题之间的关系，提出了两个关键潜在变量：一是有关技术的食品问题，二是与生活方式有关的食品问题，而一般来说，公众更加担心被归类为技术问题的食品安全问题（如激素、农兽药、抗生素、基因改造等），而不是与生活方式相关的问题（如个人营养消费、减肥、食品卫生和吸烟等）。

　　从风险感知视角分析，食品安全风险兼具客观实在性和主观建构性的综合特征，食品安全风险认知是消费者进行食品安全消费决策的基础，它主要是由社会和心理因素决定，与客观的真实风险之间存在偏差。进一步调查分析发现，公众对食品安全风险的感知存在着主观建构因素、人为放大效应和动态变化趋势，这种变化对公众应对行为和消费行为的变化具有重要影响（范春梅等，2013；张金荣等，2013）。食品安全风险相关特征、消费者风险感知与购买行为之间存在密切联系，研究表明，风险感知和购买行为的关系在于前者是后者的一个重要的解释变量（Ruth M. et al.，2001）。桑德拉·布彻勒等（Sandra Buchler et al.，2010）研究表明，澳大利亚的一些人口学特征与食品安全传统风险和现代风险的顾客认知具有较密切关系，但不是特别清晰，还需要进一步研究。

　　现有关于食品质量安全风险形成问题的研究大多基于影响食品质量安全因素的理化特征、道德层面和政府规制，侧重于对各种风险生成原因的独立分析。

2.1.2　供应链环境下食品质量安全风险演变的研究进展

　　基于食品质量安全风险有效管理的需要，在风险识别研究的基础上，探讨有关食品供应链质量安全风险变动机理问题近年来开始引起了人们的重视（张卫斌等，2007）。从经济学角度探究食品质量安全问题发生的机理，得出食品质量安全问题是现代供给和消费方式的必然产物（周应恒等，2003）。深入研究不难发现，食品质量安全各风险因子之间并非孤立存在的，而是存在一定的结构影响关系，这些风险因子存在于各个层次之间，不同层次中风险发生的频率也不相同，海伦等（Helen et al.，2000）就一般供应链风险建立了一个空间系统支撑模型来对此进行了描述。阿里等（Diabat Ali et al.，2012）在对食品供应链风险进行识别的基础上，将其风险划分为五种类型，采用解释结构模型（ISM）技术，确定了食品供应链各种风险之间的相互关系。但针对供应链环境下食品质量安全关键风险因子及其诱发因素之间的复杂结构关系与变化是混沌的还是有规律可循的，依然没有得到很好的解决，对该问题进行继续探索，又引出了下一个值得重点关注的课题。

　　供应链环境下食品质量安全风险传导同样包括风险源、传导介质、传导节点、风险接受者四个基本构件，传导的结果包括风险中断、风险释放和风险转移。范·阿塞尔特（Van Asselt，2010）认为影响食品安全风险的因素存在于整个食物供给链中，主要体现在源头供应、食品加工、物流及分销等环节，每个环节都存在多个导致食品安全风险发生的危害源。程国平等（2009）提出了基于管理视角的产品基因理论，分析了供应链产品质量风险基因遗传过程。食品从原料到消费的整个供应链中，每一步都会有风险毒物存在或出现，曹进等（2011）认为这些毒物将会沿着食品生产链条进行传递，在理论上存在着累积效应，并会产生过程诱导及衍生而来的新风险物质，但同时指出食品加工过程衍生毒物的产生、传递及检测的研究一直较为滞后，已严重影响了食品安全风险管理实效，今后需要加强食品加工过程中的衍生毒物产生的动力学机制研究。

　　从上述研究可以看出，目前针对诱发食品供应链质量安全事件的内在风险演变规律的研究虽然有所涉及，但还严重不足，比如有关供应链背景下食品质量安全风险因子及其诱发因素的复杂结构、风险传导定量分析、同类和异类风险因素传导的耦合关系等研究成果还相对比较简单，尤其是食品质量安全风险阈值的层次理论、风险爆发的条件以及突变过程等问题基本还没有涉及。理论研究的滞后制约了实践中风险管理决策的优化，因此，面向食品供应链质量安全层面的风险演变规律研究还有待于进一步展开和深化。

2.1.3　供应链环境下食品质量安全风险预警的研究进展

供应链环境下的食品质量安全风险预警是实施食品质量安全风险控制的基础。综观国内外现有的有关食品质量安全风险预警研究的文献资料，大致可以将其归纳总结为以下三个方面：

在食品质量安全风险预警指标体系的方面，克莱特等（Kleter et al.，2009）从食品生产环境、从农场到餐桌的食品链和消费者三个不同环境出发，建构了识别食品质量安全危害的预警方法。鲁思等（Ruth et al.，2001）从影响消费者对食品安全相关风险感知的因素以及可能对购买行为的影响角度出发，建立了概念预警框架，减少对食品质量安全的影响，以及因风险而采取的策略。唐晓纯（2008）基于多视角，剖析了协调预警、系统工程预警、信号预警等，创建了食品质量安全评估体系。丁玉洁（2011）从国外成熟的风险预警体系入手，以预警理论为基础，创建了较为完整的食品质量安全预警体系，同时将其运用在指标评价、预警分析及应急响应上。李鹏等（2013）从宏观管理角度出发，分析政府监管体制遗留问题、市场机制缺陷以及企业违规行为中存在的问题，建立了绿色食品质量安全预警体系，并讨论了质量安全信息分级界定及处置。邹俊（2018）立足于食品供应链的透明度角度，建立指标评价体系。通过指标体系与政府监管（冯朝睿，2016；李亘等，2017）对于食品供应链上的企业具有预警作用，降低食品质量安全事件发生的风险。姜盼等（2019）基于食品供应链的视角考虑，以我国食品生产企业为对象，系统性地建立了食品质量安全的指标体系。王艳萍等（2019）考虑生态因素、人工因素等，设计了由供应链的生产环节、流通环节等六个环节展开的关于预警林下经济产品的指标体系。

在大数据环境下，食品质量安全预警的网络舆情方面，吴林海等（2015）为了探求食品质量安全网络中的主体与客体风险特征，运用食品质量安全中的网络舆情相关数据和内容分析法进行研究。程铁军等（2018）基于大数据和网络爬虫技术，立足于网络舆情和相关具体数据，建立了食品质量安全风险预警的指标体系，并为了探究预警的各个风险因素中的因果分类，采取了 Fuzzy – DEMATEL 方法。

在利用各种模型定量剖析食品质量安全预警方面，罗斯等（Ross et al.，2002）以电子数据表这种软件形式将风险评估理论具体化，将暴露可能性、危害含量、这种暴露水平和频率下可能引起的后果的可能性和严重性三者结合起来。对于从收获到消费的所有环节中的风险因素，用户选出定性描述或给出定量数据。通过一系列运算后再与定量输入结合，产生公共健康风险的指标值。此工具可以用于审查食源性风险并鉴定这些风险是否需要更加严密的评估，也可以帮助将要处理的问题条理化，有助于将精力集中在食品生产、加工、分销和煮食环节中那些更可能影响食品安全风险的因素上。许等（Xu et al.，2010）基于 DEA 的客观方法和 ANP 的主观方法整合到一个新的基于 ANP 和 DEA 的供应商风险控制与预警系统，以应对不断恶化的食品供应链情况。威廉姆斯等（Williams et al.，2011）建立贝叶斯网络模型，评价和预警微生物食品质量风险。图马拉等（Rao Tummala et al.，2011）利用供应链风险管理流程（SCRMP），通过数据管理系统，对风险进行控制监控与预警。威施巴等（Rishabh et al.，2017）运用灰色层次分析法和 TOPSIS 法对食品安全风险建立量化框架，提高食品供应链的效率。张东玲等（2010）立足于面板数据和语言信息处理等方法，构建农产品质量安全风险的评价体系，并进行实证研究，达到了降低农产品质量安全风险的目标。李等（Li et al.，2010）提出了一种新的预警和主动控制系统框架，该框架将专家知识和数据挖掘方法相结合来开发记录数据，实现食品质量安全的风险预警。章德宾等（2010）基于 BP 神经网络的研究方法，选择中国的食品安全检测数据为模型的输入层、隐含层以及输出层，研究表明，BP 神经网络是一种有效的食品质量安全预警方法。顾小林等（2011）使用关联规则挖掘构建了食品质量安全信息模型，以食品生产加工的数据为对象，通过改进的关联规则挖掘 APTPPA 算法进行有效预警。周雪巍等（2014）探索了国内外的食品质量安全风险预警系统，指出国外主要有 BPNN、"2－3 结构"模型以及 RASFF 系统等，国内主要是自主研发的急性暴露评估模型和慢性暴露评估模型等。曾欣平等（2019）从食品供应链出发，建立乳制品生产企业食品质量安全风险评价指标体系，同时利用可拓物元模型预警乳制品质量安全风险。汪颢懿等（2019）利用极限学习机和核极限学习机建立食品质量安全风险预警模型，与 BP 神经网络与支持向量机所得出的预警结果相比，结果表明极限学习机建立的模型更优。

现有相关研究成果仍存在一些问题，例如，风险预警指标体系的创建缺乏系统性，从食品全供应链视角考虑不足，且一些指标存在较强的主观性和滞后性问题；建构的预警指标体系多数侧重于理论层面及特定对象，导致实际可操作性和适用性不够强，部分指标的数据存在不易获取的困境；一些风险预警模型在量化过程中存在较多的主观性，有些模型数据来源于简单的问卷调查，存在一定的误差等问题。

2.1.4　供应链环境下食品质量安全风险调控的研究进展

风险控制是食品供应链质量安全风险管理研究的目的。鲁波等（C. Lupo et al.，2016）指出食品供应链风险是可以预防的，且应在食品经营者和监管当局的共同职责下实行一些强制预防措施。马琳

（2015）针对中国政府食品安全规制同时面临的主体碎片化、客体分散化、标准滞后性的规制失灵困境，从规制理念、方式、模式三方面提出了我国食品安全规制的趋向。考虑到食品具有"经验品"和"信任品"的显著特性，食品供应链也不同于一般产品（产业）的供应链，其食品质量安全风险的来源、演变及调控方式独特（Knemeyer A. M.，2009；Yu H. S.，2009）。归纳现有食品质量安全风险防控成果，可从定性和定量两个方面进行分析。

一是以定性分析和案例分析为主的食品质量安全风险监管方法。陈锡进（2011）提出了食品质量安全风险、食品质量安全突发事件和食品质量安全危机相互连接的食品质量安全管理框架，认为构建"食品质量安全风险管理、食品质量安全应急管理和食品质量安全危机管理"三位一体的治理体系是中国政府对食品质量安全管理的根本之策。鲁思等（Aleda V. Roth et al.，2008）提出了一个称为"六 TS"的食品供应链质量管理概念框架。张煜、汪寿阳（2010）提出了包含追溯性、透明性、检测性、时效性和信任性五个要素在内的食品供应链质量安全管理模型框架。食品供应链透明是保障食品安全健康的重要前提，为系统认识和推进食品供应链透明工作，构建了食品供应链透明的理论分析框架（Trienehens J. H.，2012）。通过设计一种基于食品供应链协调的食品安全风险控制模式，从组织结构、技术投入、过程管理、人员培训四个方面对食品链各环节进行风险控制（武力，2010）。卡斯威尔等（Caswell et al.，1996）认为在市场机制下，有关食品安全管制政策效能高低的关键在于包括企业的声誉形成机制、产品质量认证体系、标签管理、法律和规制的制定、各种标准战略及消费者教育等在内的信息监管体制。万俊毅、罗必良（2011）从隐蔽性、易发性、层次性和外部性视角分析了食品（农产品）质量安全与风险的关系，提出了风险控制的主体价值观、信息传递、利益共享和组织构建四个方面的关键变量。

为了防止食品中毒事件的发生，企业应该实施危害分析关键控制点（HACCP）体系，但是食物中毒并不能完全被阻止，因为总有未被发现的不安全因素存在，因此 HACCP 食品安全要求食品业务经营者应为食品企业和消费者确定一个可以接受的污染水平和可以接受的风险水平（Christopher，2010；Louise Manning，2013）。

政府在食品监管方面具有不可替代的作用。围绕食品安全与政府监管问题的相关研究表明，食品供应链中各节点之间存在的信息不对称以及食品质量安全的公共物品属性问题是不能完全通过市场机制来解决的，政府管制对于食品质量安全问题的破解不可或缺。菲尔斯等（Fares et al.，2010）以自愿实施食品安全体系的机制为研究对象，分析了食品安全风险类型及政府监管部门和零售商对生产企业建立食品安全监管体系的联合作用。政府规制可降低食品安全事故的发生率，提高食品质量安全水平（李中东等，2015；李亘等，2017）。奥特加等（Ortega et al.，2011）研究了中国食品安全事件以及消费者由此产生的信任危机，通过实证研究认为中国消费者对政府认证的食品有最高的支付意愿，因此更需要政府参与到食品安全体系的建设中来。刘小峰等（2010）构建了一个从原材料供应到消费者最终消费完整过程的食品风险传播模型，政府监管策略对食品供应链上游成员影响较大，对下游影响较小。政府应从"反应型食品安全监管模式"向"自主型食品安全监管模式"进行转变，通过制定适当的政策以引导激励企业主动加强食品安全管理（任燕，2011）。

然而，监管是有成本的，有时甚至是低效率的，过高的监管成本可能造成政府食品监管的失灵（Miewald C. et al.，2013）。在食品供应链的不同环节上，私人规制和公共规制的结合能以较低的成本提高食品质量安全水平，实现稀缺规制资源的合理有效配置（Antle J. M.，2000；Singer M.，2003）。在食品安全治理领域，单纯的市场机制抑或政府机制无法有效解决食品安全问题，需要完善政府、市场和第三方组织共同参与的食品安全治理新机制（王秋石等，2015），为此，进一步提出政府、食品生产者、消费者、第三方认证、行业协会和新闻媒体等食品安全的社会共治框架（Gartinez M. et al.，2007；胡颖廉，2016；张文胜等，2017）。但是，这种合作治理框架本质上来说属于外部治理，其运行的成本、效率以及各方责、权、利的协同性等仍然是难以解决的不确定性问题。陈梅等（2015）从不确定性和质量安全的视角，根据中国乳制品企业的调查，研究了食用农产品战略性原料投资治理模式的选择问题。基于整体性治理理论等相关研究视角，解析了我国食品安全监管系统，现阶段我国食品安全监管存在着利益相关者关联复杂、监管环节众多、市场自我调节能力差的整体性问题（詹承豫，2016；冯朝睿，2016）。归纳现有研究成果可进一步概括为：重组供应链流程，加强政府部门监管；构建食品冷链物流和快速响应配送体系；加强信息交流与共享，实施投入品全程监督；建立食品可追溯制度，完善供应链约束机制；建立完善的动态合同体系和良好的信用体系；加快农业标准化进程，建立农业生产经营者自律机制；健全食品质量安全风险评估和应急处理机制等。

但不难看出上面这些成果大多侧重于分析一般性的食品供应链安全管理框架和安全措施，而针对食品质量安全的风险调控视角及依据定量逻辑推理的对策优化问题研究还存在明显不足，考虑基于供应链全过程的食品质量安全风险动态调控特征问题还需进一步研究。

二是以模型化定量分析为主的食品质量安全风险控制策略选择。定量分析是进行食品质量安全风险防控科学决策的基础。李翔等（2015）运用混合 Logit 模型分析了消费者对不同有机认证标签的支付意愿，进而考察了具有不同购买频率的消费者群体偏好的异质性。张红霞等（2014）通过建立食品企业与消费者之间的信号传递模型，验证了生产高质量食品的企业可以通过传递强质量安全信号以实现与生产低质量食品的企业之间的分离。张曼等（2015）建立了一个中央政府和地方政府食品安全监管的委托代理模型，分析了在信息对称和信息不对称下，以及是否将媒体监管作为行政考核指标时的契约实施行为，并指出在媒体监管"激励有效"的情况下，媒体曝光可以有效增加地方政府的监管努力水平并降低中央政府的食品安全监管成本。

食品安全问题的公共物品属性问题是不能完全通过市场机制来解决的，政府管制对于食品质量安全问题的破解不可或缺，食品质量安全策略选择通常是多主体重复博益的结果（李宗泰、何忠伟，2012）。博弈论是研究食品供应链中各相关主体动机与行为决策的重要工具（冯朝睿，2016；杨正勇、侯熙格，2016），张云华等（2004）通过博弈分析提出保证食品安全就必须实行供给链的纵向契约协作或所有权一体化（倪国华、郑风田，2014）。虽然垂直一体化有助于产品质量的提高，但也伴随着效率的损失和成本的增加，在食品产业链的不同环节上，私人规制和公共规制的结合能以较低的成本提高食品质量安全的水平，实现稀缺规制资源的有效配置（Singer M.，2003；Martinez M. G.，2007）。张国兴等（2015）通过构建演化博弈模型分析了以新闻媒体为主的第三方监管对食品企业与政府监管部门的影响机理，指出第三方监管对于政府部门的监管作用具有一定程度的替代性。王中亮等（2014）分别构建了政府部门与食品企业、食品企业与消费者之间的动态博弈模型，并通过对比分析信息不对称与信息对称两种情况下均衡解的变化，指出了构建食品安全信息交流的必要性及改善博弈均衡解的具体途径。食品质量安全监管本质上是政府与食品生产经营者之间的博弈过程，政府监管的有效性取决于不断降低监督检查成本、降低败德行为的额外预期收益以及加大对违规的惩罚力度（徐金海，2007）。李昌兵等（2016）将演化博弈理论运用到食品供应链物流资源配置中，对供应商与加工商的物流资源投入稳定均衡策略进行了分析。

从风险评估视角，通过分析与利用 HACCP 有效实施的关键影响因素，来预防食品质量安全风险（Fotpoulos C. V.，2009），基于蒙特卡洛和贝叶斯方法进行食品质量安全风险模拟（Williams M. S.，2011），进一步将社会影响评价概念引入食品质量安全风险分析模型中（Dreyer M. et al.，2010）。为了对风险评估结果做出恰当合理的解释和为风险管理决策提供科学依据，研究食品安全风险沟通概念与机制，提出了食品安全风险沟通机制的分类管理思路（刘鹏，2013；FAO/WHO，2006）。张东玲等（2010）在建立农产品（食品）安全风险评估指标体系的基础上，采用语言信息处理方法，构建了农产品（食品）质量安全风险评估与预警模型。陈秋玲等（2011）还利用突变模型，从食品产业链视角设计食品安全风险评估指标，分别测度食品的生产环节、流通环节和消费环节的风险度，得出我国近年来食品安全的总风险度，并找出了食品安全调控中需要加强的薄弱环节。颜波等（2015）以"农超对接"水产品供应链为研究对象，构建了水产品供应链质量风险控制协调模型，并讨论了最佳协作状态下收益、质量保障水平及投资规模之间的关系。

弹性系数法是一种间接预测方法，其主要根据一个变量的变化情况，通过构造弹性系数来对另一个变量的变化情况进行预测。该法近年来已经在供应链风险传导以及风险控制中有了一定的应用。陈剑辉等（2007）在研究供应链风险传导对企业的影响的过程中，以供应链主体间的价格为载体构建了原材料的价格风险传导斯塔克伯格博弈模型，并引入了弹性系数来衡量风险传导效应。其研究结论认为供应链中价格风险会向下游逐渐减弱。刘家国（2011）在陈剑辉研究的基础上，以博弈论思想为指导，分析了需求拉动型供应链中的突发事件风险传递过程，以其构造的风险传递模型为基础，构建了供应链行为主体双方的利润需求风险弹性系数，并证实了牛鞭效应的存在。李永红等（2011）以供应链风险弹性分析为基本切入点，构建了一种可以动态描述供应链弹性系统形变特征的数学模型，探索了风险冲击的条件下供应链系统的弹性变形值如何随时间发生变化，并探寻其变化规律。达斯等（K. Das et al.，2015）提出了供应链风险准备和弹性措施的概念，构造了一个通过计划和控制企业内部因素以创造出理想的风险弹性的模型来避免潜在的风险并减轻其后效应。截至目前，弹性系数法对于食品质量安全风险在整个供应链上传导的深入研究还较少。

在风险控制损益优化方面，瓦勒娃等（Valeeva et al.，2007）对提高奶牛场的食品安全可选择策略的成本有效性进行了估计，并建立了整数线性规划模型研究了成本最小的策略，得出奶牛场规模的扩大有助于提高乳品供应链的食品安全水平而成本并没有相对增加。风险控制问题的深入研究表明，供应链构建与管理能否取得成功，风险分担和收益分配至关重要，可以证明，食品供应链收益共享和风险分担契约机制与传统协调方案相比能取得更好的效果（Cachon G. P.，2005；Xiao T. J.，2007）。进一步从风险动态演变视角探讨食品供应链质量安全风险监控问题目前更需要引起人们的高度重视，这无疑是从根源上解决问题的一种新尝试。刘畅、张浩、安玉发（2011）将食品供应链从农田到餐桌划分为 5 个环节，利用 SC - RC 判别与定位矩阵实证分析中国食品质量安全控制的薄弱环节与本质原因，并提出了中国食品质量安全的 4 个关键控制点及其对策建议。王元明、赵道致（2009）针对风险阈值的改善，运用风险储备的优化分配提高项目供应链关键环节的抗风险能力，从而抑制风险传递。但该研究只是以项目工期风险为对象，其风险传递系数的给出方法也有待商榷。

食品质量安全是国家公共安全的重要组成部分，保障食品质量安全必须依赖于政府、生产者和消费者等之间密切联系与合作。然而当前这些风险调控模型研究的文献大多是基于局部（两阶段）供应链协调优化建模并建立在严格的研究假设和简化基础上展开的，而对包括农资供应商、种植养殖业生产者、食品加工企业、销售商、消费者以及政府部门的多阶段供应链背景下的食品质量安全风险动态优化管理的定量模型研究成果还很少，特别是忽略了我国食品生产链存在断裂性的客观现实。

进一步分析不难发现，现有研究大多侧重于分析一般性的食品安全管理对策框架以及对影响食品供应链质量安全风险的各利益主体和第三方监管的独立分析，重视食品供应链中质量安全风险的抽检频率却忽视了抽检的有效性及效率问题，重视政府监管效率中的处罚力度研究而缺少主动监管概率的分析，对基于食品异质性的消费替代方面成果也主要限于验证性研究，而针对旨在抑制食品质量安全风险的抽检效率、消费替代、政府监管以及食品生产者动机和行为定量逻辑推理问题的研究依然没有得到很好的解决。而且目前将博弈论用于食品供应链质量安全风险调控投资方面问题，尤其是同时考虑到食品供应链下游节点对上游节点传递下来的风险进行调控投资优化问题的研究成果也很少见。

2.1.5　问题与研究展望

近年来，面对一系列难以根治的食品质量安全事件接连发生，使得众多学者开始重视食品供应链质量安全风险管理问题的研究，并取得了许多颇有价值的研究成果。理论和实践证明，食品供应链质量安全风险管理就是避免食品质量安全危机和降低食品质量安全突发事件应急管理成本及严重后果的最适宜方法。但由于当前我国食品产业链存在诸多结构复杂性、运行不确定性和利益分配失衡性，同时食品供应链由于受食品本身及其生产特性的影响，其管理有别于一般行业和产品供应链，它在质量安全风险变动及调控优化等方面独具特色，目前针对供应链环境下的食品质量安全风险演变规律及风险有效调控问题的研究还需进一步深化。

当下，食品供应链运行中质量安全风险是如何生成、传导和爆发的，是否存在特定的变动规律？这些规律对风险预警及调控有哪些影响？如果不能追根溯源解决这一问题，有关食品质量安全问题的研究将只能浮在表面，从而势必影响食品质量安全风险的有效监控和风险突变的应急管理实效。而实践中，目前我国食品企业尤其缺乏针对供应链环境下食品质量安全风险演变、评估、预警、优化管理及其应用方面的深入研究成果，这些无疑是未来颇具价值的重要研究方向。根据对现有研究成果的总结以及理论研究和实际应用的需要，未来基于供应链视角的食品质量安全风险管理研究可围绕以下方向展开：

（1）从食品供应链视角识别食品质量安全风险因素，并深入探究食品质量安全风险演变机理。供应链环境下的食品质量安全风险运动过程复杂多变，已有成果基本局限于：关于食品质量安全风险产生问题的研究大多仍基于影响食品质量安全因素的理化特征、道德层面和政府规制，侧重于对各种风险因素及其产生原因的独立分析；对多风险因子及其关系认识模糊；很少考虑风险的传导及其耦合性对食品质量安全的影响关系。但针对目前食品供应链系统中影响食品质量安全的关键风险因素究竟是如何生成的，各风险因素之间的结构关系如何，供应链环境下食品质量安全风险传导要素、传导动因及其相互影响的层次结构关系是什么，食品质量安全风险爆发的条件以及风险的突变过程如何，是否存在特定的变动规律等问题依然没有得到很好的解决，这是个很复杂尚待深入研究的新课题。

（2）开展供应链环境下的食品质量安全风险预警研究。食品质量安全风险预警是进行风险调控的基础，而现有文献在有关食品质量安全风险预警领域的研究成果仍然存在一些问题，包括预警指标体系缺乏系统性，多数只考虑生产与消费环节，缺乏对加工与销售环节的分析；建构的预警体系多数仅涉及理论层面及特定对象，导致实际可操作性和适用性不够强，这就使得预警体系在实际运用中存在困难；有些风险预警模型在量化过程中存在较多的主观性，数据来源于简单的问卷调查，存在较大的误差等问题。基于理论与实践的迫切需要，从食品供应链全流程视角，如何科学地构建食品质量安全风险预警指标体系，优选和开发有效的风险预警模型，合理确定风险预警等级标准等，这些均有待于开展进一步深入研究。

（3）探讨基于风险演变规律的食品质量安全风险动态调控优化方法，设计供应链环境下食品质量安全风险整体优化治理机制。现有食品质量安全风险的调控方法与风险演变规律脱节，有关风险控制的文献大都是基于单风险或彼此独立的多风险、两阶段、静态性、无反馈的风险管理问题，大多没有考虑风险演变规律对食品供应链质量安全风险调控的内在本质影响。从食品供应链角度出发，研究基于风险演变规律的食品质量安全风险动态调控方法以及食品质量安全风险整体优化治理机制显然又是一个重要的研究领域。

（4）开展供应链环境下的食品质量安全风险管理集成定量研究。现有成果缺乏对风险变动问题的深入定量分析，从而导致无法达到深刻揭示食品质量安全风险生成、传导和爆发整个过程中演变规律的目的。而目前少数采用的定量方法又基本建立在大量研究假设和简化基础上展开的，且忽视了重要的风险调控效益、风险储备缓冲资源利用以及多阶段动态博弈问题。探讨采用包括优化理论、博弈论、突变论、模糊逻辑和神经网络等综合集成定量方法管理食品质量安全风险将是下一步需要努力的方向。

（5）基于数据挖掘的食品供应链质量安全风险管理知识系统的开发。食品供应链新技术创新与扩散将引起大量的不确定性与风险，因此，如何利用数据挖掘技术探讨供应链环境下的食品质量安全风险因素的来源、动因、演变以及开发食品质量安全风险管理的知识系统也是一个具有重要应用价值的研究课题。

2.2　食品质量安全风险基本概念

目前供应链环境下的食品质量安全风险是一个很复杂的尚待深入研究的新课题，对该问题的关注就必须正视有关食品质量安全关键概念的阐释以及食品质量安全风险的概念、内涵及特征的界定。实践证明，一致清晰的术语表达对于传递精确的信息和做出正确的决策选择是很必要的。本节主要采用内容分析法，综合国内外文献研究成果及实际调研分析结果，在对食品质量与食品安全概念进行重新界定与深入辨析的基础上，阐释食品质量安全的内涵，提出并深入分析供应链环境下食品质量安全风险的概念、内涵及其特征（晚春东等，2014）。

2.2.1　食品质量安全相关概念辨析

1. 食品质量概念

世界卫生组织（WHO）对食品质量的定义：食品满足消费者明确的或者隐含的需要的特性。我国的国家标准《食品工业基本术语》（GB15091－95）中规定，食品质量是指食品满足规定或潜在要求的特征和特性总和，反映食品品质的优劣。石朝光等（2010

年）定义食品质量为食品的特征及其满足消费的程度。它主要包含两个方面：①食品特征，指食品本身固有的相互区分的各种特征，如大小、色泽等外在特征；口感、纯度等内在特征；使用范围、食用方法与条件等适应性；营养成分、保质期限、有毒有害物质含量等质量特征。②食品满足消费者期望和要求的程度，即食品满足明示的要求和隐含期望的情况。食品质量可以通过感官检验和仪器检测、食品标识、质量认证、食品品牌和企业商誉等来衡量。

据此，本书认为食品质量是指食品符合国家规定的全部特性及其满足消费者期望和要求的程度，其基本属性主要包括功能性、营养性、卫生性、安全性以及适应性等。

2. 食品安全概念

联合国粮农组织（FAO）在 1974 年世界粮食大会上从基于食品数量满足人们基本需要的角度首次提出了"食品安全"的概念。1986 年 WHO 在题为"食品安全在卫生和发展中的作用"的文件中定义食品安全：指生产、加工、储存、分配和制作食品过程中确保食品安全可靠，有益于健康并且适合人消费的种种必要条件和措施。1996 年 WHO 将食品安全进一步界定为对食品按其原定用途进行制作、食用时不会使消费者健康受到损害的一种担保。FAO/WHO 国际食品卫生法典委员会提出食品安全是指消费者在摄入食品时，食品中不含有害物质，不存在引起急性中毒、不良反应或潜在疾病的危险性。或者是指食品中不应包含有可能损害或威胁人体健康的有毒、有害物质或因素，从而导致消费者急性或慢性中毒或感染疾病，或产生危及消费者及其后代健康的隐患。食品安全可进一步分为狭义和广义概念。狭义的食品安全主要是指食品卫生，即食品应该无毒、无害，保证人类健康和生命安全。广义的食品安全概念内涵包括卫生、质量、数量、营养、生物、可持续性六大安全要素（张守文，2005）。

据此，本书认为食品安全是指在食品制作、流通和消费的整个过程中，食品中不应包含超过国家规定标准和人体自我调节能力的有毒有害物质，不应存在对人类健康造成直接急性慢性中毒、不良反应和潜在疾病的危险性，或产生危及消费者及其后代健康的隐患。同时食品的数量和营养状况应能够满足人们的正常需要。

3. 食品质量和食品安全的关系

世界卫生组织 1996 年指出，食品安全与食品质量在词义上有时存在混淆。食品安全指的是所有对人体健康造成急性或慢性损害的危险都不存在，是一个绝对概念。食品质量则是包括所有影响产品对于消费者价值的特征，既包括诸如腐烂、污染、变色等负面特征；也包括色、香、味及加工方法等正面特征（任端平等，2006）。张守文等（2005 年）提出食品安全是大概念、总概念，食品质量是小概念、属概念，食品安全包括食品卫生、食品质量、食品营养等方面的内容。

然而，大多研究者认为"食品安全"的概念要小于"食品质量"的概念。食品质量是指影响食品价值的所有属性的总和，而食品安全仅指食品中可能对人体健康造成损害的属性，仅仅是食品质量中众多属性之一（钟真等，2013）。霍勒兰等（Holleran et al.，1999）认为，当有关安全的规范被包含在质量保证体系中时，则食品质量就包含食品安全。更有实证研究证据表明，大多数人的感知更倾向于安全代表质量的一个方面，因此，找到了一个高质量的产品意味着它也是安全的，食品质量概念包含食品安全，安全是质量的结果和基本组成部分。然而，反向关系缺乏支持：一个高质量的产品自然很安全，但是一个安全的产品并不总是一个好质量的产品。

温迪等（Wendy et al.，2008）进一步通过对欧洲四国消费者的实证研究结果表明，食品质量更频繁的定义为"品味""好产品""自然或有机""新鲜""喜欢""健康""无风险"等因素。而食品安全主要定义为"无风险""无危害""健康""控制和保证""适当的供应链管理"等因素，同时与"保质期内"很相关。可见，食品质量和食品安全是两个内涵存在差异但又非常相近的概念，在二者的定义之间存在着很大的重叠，大多数消费者认为食品质量和食品安全是密切相关的概念，这尤其在对这两个概念定义有部分重叠时变得更加明显。

由此可见，消费者、学术界和法学界对食品质量和食品安全概念的界定存在差异，这是一种正常的现象。据此，本书认为：①仅从强调产品安全的角度出发，食品安全包括食品卫生、营养以及质量等相关内容，食品质量是食品安全概念向外延展的一部分内容；②仅从强调产品质量的角度出发，食品质量包括食品功能性、营养性、卫生与安全性等相关属性，食品安全只是食品质量众多属性中的一个属性，是食品质量内涵深化的内容；③从同时强调食品质量和食品安全的角度出发，现有食品质量和食品安全概念及内涵存在交叉，各有侧重，相对独立，同等重要。二者的主要区别在于：一是范围不同，食品安全包括种植养殖、生产加工、流通销售、餐饮消费四大环节的安全，而食品质量通常并不包含种植养殖环节的质量问题，质量检测结果的高低重在关注食品加工制作结束后进入流通消费环节的产品。二是侧重点不同，食品安全强调结果与过程安全的统一，而食品质量更侧重于结果的质量与安全。食品安全不仅关注产品标识与认证，更强调食用方法和个体差异性，同时还是食品质量等级划分的重要标准之一。三是概念属性不同，食品质量在很大程度上是一个"度"的概念，而食品安全是一个"质"的概念。

现阶段食品质量和食品安全并不是能轻易厘清的概念，因为它们被归属为信任属性并承载着人类发展史上不同阶段和不同认识主体的需要。随着社会经济的发展、需求变化和人们认识的不断深入，食品质量和食品安全这两个食品领域的重要概念必将被赋予新的内涵。

4. 食品质量安全概念及内涵

食品质量安全可理解为食品的卫生、营养等安全属性（杨万江，2006）。食品质量安全作为一种属性，包括产品本身的属性和外在的质量属性。王生平等（2009 年）提出食品质量安全是指食品质量状况对食用者健康、安全的保证程度。食品质量安全是指食品产品品质的优劣程度（张守文，2005）。

综合现有文献表明，目前食品质量安全的概念仍是模糊的，还存在许多争议。若从字面意义上看，包括三种理解：一是从质量视角看安全，将其视为一个主辅型的组合词，那么语义中心则在"安全"，其含义应理解为与"食品数量安全"一词相对应的"食品质量方面的安全"，这种理解隐含的前提是食品安全概念大于食品质量概念；二是从安全视角看质量，仍将其视为一个主辅型的组合词，那么语义中心则在"质量"，其含义就相当于"食品质量属性之一的安全性"，这种理解隐含的前提是食品质量概念大，包含食品安全概念；三是将其视为并列型的组合词，则它的含义等价于"质量与安全"之意，其隐含的前提是食品质量概念与食品安全概念二者是并列的。

而从有关理论研究、法规政策界定及实际应用上看，食品质量安全的概念与内涵主要包括四种解释：一是把"食品质量安全"理解为"食品质量与安全"，这种理解较为普遍，而且与 2012 年教育部新版专业目录中的"食品质量与安全"名称相呼应。二是直接将"食品质量安全"视为等同于"食品安全"（吴秀敏，2006）。三是在认同食品安全概念包含食品质量概念前提下（张守文，2005），将"食品质量安全"理解为与"食品数量安全"一词相对应的"食品质量方面的安全"。四是在认同食品质量概念大于食品安全概念前提下，同时又为了突出食品质量的安全属性，认为"食品质量安全"概念指代所有食品质量属性，尤其突出安全属性的一个统称（钟真，2013）。

基于本书的需要，这里并不特别强调食品质量和食品安全这两个概念的大小问题，认为"食品质量安全"概念的内涵应主要包括：①与"食品数量安全"一词相对应的"食品质量方面的安全"；②包含所有食品质量的属性，尤其突出安全这一属性；③包含食品的卫生和营养等质量与安全的属性，尤其强调质量的安全属性。

2.2.2　食品质量安全风险概念解析

1. 供应链环境下食品质量安全风险的内涵

大量理论和实证研究表明，由于食品具有显著的搜寻品、经验品和信任品特征，其中，搜寻品特质主要指消费者在购买商品时可以通过外观、气味等直观获得；经验品主要指消费者对品牌的认可度；信任品主要是指农产品的安全程度，如化学残留、营养成分不足等。再加之食品质量安全标准的相对性以及标准的动态变化性，导致食品质量安全只能是相对的安全，绝对的安全是不存在的，这就从客观上为食品质量安全埋下了风险的隐患。由于实践中政府管制与市场机制的"双重"失灵，必然导致食品质量安全存在风险。而对食品质量安全突发事件的应急管理无论是理论上还是实践上都应该向前进一步延伸到对食品质量安全风险的管理，供应链环境下的食品质量安全风险是造成食品质量安全危机发生及其产生严重后果的根源。

风险在技术上定义为，一个危害发生的概率以及发生结果的严重性的一个集合。有关食品安全的风险分析可以从辨别风险危害开始，与消费有关的食品安全风险分为微生物的、化学的和技术的风险。食品安全风险是指存在于食品当中的可能影响"食品安全性"的全部客观因素（冀玮等，2012），或指一个对健康有不利影响且这种影响的程度导致食物危害（L. Manning，J. M. Soon，2013）。农产品作为食品的源头，农产品质量安全风险是指农产品质量中含有有毒有害物质对人体产生危害的可能性及后果的严重性（周三元，2013）。陈锡进（2011 年）提出食品质量安全风险是指人们对食品在生产、运输、储藏、加工以及销售等全过程中由于自然原因以及人为原因所可能引致损失的感知、体验以及理性预测，并据此所做出的个体主观判断和选择。

据此，本书认为：供应链环境下食品质量安全风险是指食品在生产、加工、储运、销售以及消费等全过程中由于含有有毒有害物质或存在其他影响食品质量安全性的因素而对人体产生危害的可能性及其后果的严重性。进一步分析，该定义包括五层含义：一是风险的产生贯穿于食品供应链运行的全过程；二是风险的起因既包含自然原因也包含人为原因；三是风险的发生、演变及其后果具有高度的不确定性；四是风险的本质是对人体造成危害的可能性；五是风险的大小是客观存在和主观建构的复合体，受人们的主观感知和预测精度等影响。

2. 供应链环境下食品质量安全风险因素及特征

食品质量安全风险按环节可分为生产链风险和非生产链风险；按行为分为人为风险和非人为风险；按认知程度分为已知风险和未知风险；按真实性分为真实风险和虚幻风险（万俊毅、罗必良，

2011）。从食品生产企业的角度出发，在按风险的自然性质划分为物理、化学和生物风险的基础上，进一步将食品安全风险因素分为微生物超标、添加剂含量超标、混有异物、含违禁物、营养成分不达标、食品变质、包装不合格、重金属超标和过期再利用九类。这些风险因素的来源主要包括供应风险、生产风险、流通风险、环境风险以及管理风险（张红霞、安玉发，2013）。

联合国粮农组织把食品安全风险分为食品变质过期、假冒食品、食品中农药残留、食品中添加剂四大类（张金荣等，2013）。基于供应链的视角，农产品质量安全风险类型包括源头风险、加工风险、物流风险、销售风险和使用风险。由于食品质量安全问题具有显著的社会公共物品属性，食品质量安全是国家公共安全的重要组成部分，因此在食品供应链系统整体运行过程中，除生产企业和消费者外，政府也是重要的风险相关主体，政府监管与服务供给对食品质量安全风险的生成及演变过程具有不可替代的重要影响。因此，供应链环境下食品质量安全风险应包括源头供应风险、生产加工风险、物流储运风险、销售消费风险以及政府监管风险。其中，前四种风险属于食品质量安全风险的内生变量，而政府监管风险属于外生变量，且每一种风险因素的内容及来源又可以进一步细分为若干个具体风险因子。

农产品质量安全风险具有隐蔽性、易发性、差异性、外部性和危害后果不可逆性（万俊毅、罗必良，2011）。食品安全风险存在一系列特征，面对公众认知的质疑必须做出解释，从而以下三个影响风险认知的属性在一些文献研究中被辨别出来，即"恐惧""未知""暴露于风险的人数"（Ruth M. et al.，2001）。使用"恐惧"这个词来捕获无法控制的、灾难性的、可怕致命的后果、未来高风险、不容易降低、非自愿这些变量。在此基础上，进一步将"恐惧"与其他各种各样的变量联系在一起，比如担忧后代的严重性、灾难后果的威胁、可怕的程度和越来越严重的风险。"未知"因素与不能观察、暴露未知、效果延迟、新风险和科学未知的风险这些变量有强烈的联系。研究表明，微生物危害往往在"未知"因素中得分低；化学危害往往相对在"未知"因素中得分高；而技术危害由于人们感知到很高的不确定性，经常在"未知"因素中得分最高。"未知"更强调食品安全风险的不确定性。"暴露于风险的人数"，又称为"范围或程度"，对这个因素的定义没有达成共识。社会不愿意接受影响范围大的风险，至少是因为对一个更大比例的人群接触风险会感到愤怒，而且寻求赔偿。微生物和技术危害很有可能尤其得到高的分数，因为他们有可能影响很多人。因此，范围越大，能感知的风险越高。食品安全风险的不同来源似乎与不同风险特征有关，这强烈影响风险感知，即"恐惧""未知""范围或程度"。风险的来源往往是与不同的风险特征因素分数有关。例如，就"恐惧"因素而言微生物风险分数相对较高，而就"未知"的因素而言技术和化学危害分数相对最高。

据此，本书认为，供应链环境下食品质量安全风险的主要特征包括以下几点。

不完全可控性。食品质量安全风险的生成与演化同时兼具主、客观性，如食品中含有自然界中天然存在的一些有毒有害物质、未知风险因素、转基因食品等新技术风险，从而导致风险无时无刻不充斥着社会生产和生活的各个领域，食品供应链上各利益相关者试图完全消除质量安全风险无异于异想天开，既不现实也缺乏科学依据，这种风险的非零属性决定了人们理性的选择应该是基于成本和效用的均衡原则将食品质量安全风险水平控制在可接受范围内，而不是一味以昂贵的代价去寻求风险越低越好。

不确定性。这是食品质量安全风险的基本属性，尤其是在环节众多、动因复杂、环境多变、信息不对称和联盟主体间关系脆弱的食品供应链背景下，食品质量安全风险的生成、传递、突变及其后果具有高度的不确定性。

共振耦合性。是指造成食品质量安全风险的各种因素之间彼此并不是孤立的，而是相互影响甚至是相互强化的，一种风险可能会引发另一种风险，各种不同的风险因素可能会产生连锁反应或叠加放大作用，从而造成新的危害性更强的风险。

强隐蔽性。强隐蔽因素与不能观察、暴露未知、后果延迟、新生的和科学未知的风险这些变量有强烈的联系。现代食品质量安全风险往往不再是人们通过感官就可以直接感受到的，潜在的受害人可能根本就没有觉察或者感知到风险的存在，甚至食品中含有的某些有害因素即使通过现有的检测技术也难以识别。如一般消费者无法判断色泽亮丽的食品是否添加了有害物质，无法判断某些重金属对人体健康是否造成损害以及造成的损害有多大（刘亚平，2012）。

层次性。从供应链上看，食品质量安全风险的来源包括原料供应、产品加工、物流和销售等多个环节，每个环节又包括物理、化学、生物、技术等多个风险因素，而每个风险因素又可以划分为若干个具体风险变量。从风险程度上看，可分为高、中、低不同风险水平，不同层次水平的风险具有不同的演变特征、影响后果及应采取差异管理策略。从风险认知时序上看，可分为微生物污染等传统风险、添加剂超标等现代风险以及转基因技术等未知风险。

外部性。食品质量安全风险存在正负外部性。从生产链上看，一旦食品供应链上游节点生成重大质量安全风险，其下游节点将承担风险的负外部性，在风险的传递性作用下，所有下游节点均面临不同程度的安全隐患。而随着链上某节点产品质量安全风险的降低，其下游节点将同时共享风险下降的正外部性。从消费环节上看，食品质量安全风险不仅危害直接消费者本人的身心健康，还可能会波及消费者的后代及亲属，甚至可能产生虚幻风险引发社会危机。这种外部性是食品供应链质量安全风险管理的重要理论基础之一。

传导性。供应链环境下的食品质量安全风险蕴含于产业链的原料供应、生产、加工、物流和销售等多个环节之中，每个环节都是风险源，都容易生成质量安全风险。而且食品质量安全风险一旦在产业链上游某个环节生成，其风险因素将会沿着产业链以其特有的方式向下游传递，直至最终危害到消费者的身心健康。

危害后果不可逆性。食品质量安全风险对消费者的身心健康具有客观潜在的危害性，而且这种危害后果往往是非常严重的，它不仅可能严重危害到食品的直接消费者，造成消费者身心受到显性或隐形的伤害，还可能通过遗传基因危害到消费者的后代，且这种严重的危害后果还往往难以消除或彻底根除，无法使消费者重新回到原来的健康状态。

总之，供应链环境下的食品质量安全风险问题涉及的关键要素复杂而敏感，人们面临着同一专业术语表达不一致和难以准确界定的困扰与挑战，如何甄别与科学合理界定关键术语并尽早达成基本共识以避免因同一概念表达矛盾问题导致企业与司法实践危机目前已十分必要。本章主要研究结论包括以下几点。

（1）重新界定了食品质量与食品安全的含义，二者是两个密切相关的概念，内涵之间存在着很大的重叠但并不完全相同，而是各自独立存在并有所侧重。

（2）食品质量安全的定义并不是简单的"食品质量"与"食品安全"两个概念的并列或内容的加和，而是赋予了新的内涵。

（3）提出了在供应链环境下食品质量安全风险的概念、内涵及其特征，有助于进一步深入开展食品质量安全风险管理的理论研究与实践应用。

第3章 食品质量安全风险演变机理

3.1 食品质量安全风险生成机理

从食品供应链的视角出发，采用内容分析法，根据国内外文献综述、实际调研及统计分析的结果，探究供应链视角下的食品质量安全风险因素及其产生根源。在此基础上，利用 ISM 技术，建立风险因素结构模型，给出供应链视角下的食品质量安全风险因素之间的相互影响关系，进而揭示供应链视角下食品质量安全风险的生成机理。

3.1.1 供应链视角下食品质量安全风险因素及其产生根源

现有关于食品质量安全风险产生问题的研究大多基于影响食品质量安全因素的理化特征、道德层面和政府规制，侧重于对各种风险因素及其产生原因的独立分析。深入研究不难发现，食品质量安全各种风险因素之间并非孤立存在的，而是存在一定的结构影响关系，这些风险因素存在于各个层次之间，不同层次中风险发生的频率也不相同，阿里等（2012）在对食品供应链风险进行识别的基础上，将其风险划分为五种类型，采用解释结构模型（ISM）技术，确定了食品供应链各种风险之间的相互关系。但针对目前食品供应链系统中影响食品质量安全的关键风险因素究竟是如何生成的，各风险因素之间的结构关系如何，是否存在特定的变动规律等问题依然没有得到很好的解决，如果不能追根溯源解决这些问题，势必将影响到食品质量安全风险的有效监控和管理实效。

食品质量安全风险管理首先要从辨别风险危害因素开始。食品不同于其他产品，其质量安全可能受到的风险影响因素多而复杂。具体从食品生产企业的角度出发，在按风险的自然性质划分为物理、化学和生物风险的基础上，进一步将食品安全风险因素分为微生物超标、添加剂超标、混有异物、含违禁物、营养不达标、食品变质、包装不合格、重金属超标和过期再利用九类（张红霞、安玉发，2013）。与消费有关的食品安全风险来源分为微生物的、化学的和技术的风险，其中微生物风险可称为传统风险，化学和技术风险可称为现代风险，而现代风险更为发达国家消费者所关注与担忧（Sandra Buchler，2010）。苏珊·迈尔斯等（2004）通过调查问卷和使用因子分析考察了 18 个食品问题之间的关系，提出了两个关键潜在变量：一是有关技术的食品问题，二是与生活方式有关的食品问题，而一般来说，公众更加担心技术型食品安全问题（如激素、农兽药、基因改造等），而不是与生活方式相关的问题（如个人营养消费、食品卫生和饮食习惯等）。

基于供应链视角，农产品质量安全风险包括源头、加工、物流、销售和使用五类风险（周三元，2013）。范·阿塞尔特（2010）认为影响食品安全风险的因素存在于整个食物供给链中，主要体现在源头供应、食品加工、物流及分销等环节，每个环节都存在多个诱发风险的危害源。食品从原料到消费的整个供应链中，每一步都会有风险毒物存在或出现，这些毒物将会沿着食品生产链条进行传递，理论上存在着累积效应，并会产生过程诱导及衍生而来的新风险物质（曹进等，2011）。由于食品质量安全问题具有显著的社会公共物品属性，因此在供应链环境下食品质量安全风险管理体系中，除生产企业和消费者外，政府始终是重要的风险相关主体，政府监管与服务供给对食品质量安全风险的生成、传递和爆发具有不可替代的重要影响。

据此，根据现有文献研究成果、专家访谈及实际调研结果，归纳提出供应链视角下的食品质量安全风险包括原料供应风险、生产加工风险、物流储运风险、销售消费风险以及政府监管风险。其中，前四个属于食品质量安全风险的内生变量，而政府监管风险属于外生变量，外生风险变量的影响作用需要通过作用于内生风险变量来发力，且每一种风险因素的内容及来源又可以进一步细分为若干个具体的二级风险因子（晚春东等，2015）。

（1）原料供应风险。是指食品的原料在种植养殖过程中因受到自然环境污染，或管理不善导致化肥施用过量、农兽药残留和致病菌污染，或因败德逐利生产者人为使用一些劣质有害农资、添加剂和违禁物以及技术不确定性等影响，使其存在危害人体健康的可能性以及严重程度。该风险是食品质量安全风险生成的源头和根基，一旦在源头留下隐患，食品质量的安全性必将受到严重威胁。

（2）生产加工风险。是指在食品初级加工和深度加工以及包装的过程中，由于工艺技术不成熟、安全管理不到位、制作环境不卫生、上游有害物质传递以及生产者受利益驱使进行违规操作等导致食品受到污染、含违禁物或营养不达标，致使其存在危害人体健康的安全隐患。该风险的产生既有技术和管理原因，更有道德和法治根源，是影响食品质量安全的关键。

（3）物流储运风险。是指食品原料及产成品在实现空间转移或时间对接的过程中由于主客观原因导致含有害物质、受到污染或变质，从而产生危害人体健康的可能性及严重程度。这里的物流储运既包括从原料到生产加工过程，也包括食物成品进入销售消费的过程。

（4）销售消费风险。是指食品在销售和消费环节因储存不当、滥用保鲜防腐剂、更改保质期、上游有毒有害物质传递或食用方法及习惯不合理等，导致食品受到污染、变质、含有害物质或误食错用，从而对人体健康产生危害的可能性以及严重程度。

（5）政府监管风险。是指由于政府监管法规不完善、权力寻租、监管及检测成本过高或食品标准不完善等原因，导致对食品供应链整体过程监管缺位、违法代价过低、公共技术服务供给不足或质量安全标准存在缺陷，从而使食品生产与服务商客观或主观制售劣质、假冒、变质或技术后果不明确的可能危害人体健康的食品。该风险虽然本身并不直接产生食品质量安全问题，但其对当今供应链环境下的食品质量安全风险的产生与演变具有重要且不可替代的特殊影响作用，属于间接性关键影响因素，正因如此，本书认为有必要将其内化为一个供应链视角下食品质量安全风险的主体变量。现归纳揭示出供应链视角下的食品质量安全风险因素及其诱发动因，详见表3－1。

表3－1　　供应链视角下食品质量安全风险因素及其诱发动因

一级风险 （风险环节）	二级风险（危害因子）	风险诱发动因
原料 供应风险	重金属超标	土壤、水、大气等自然环境污染
	农兽药及化肥过量残留	生产者操作不当、危害意识淡薄及技术发展负效应
	微生物超标或致病菌污染	环境卫生不达标及管理不善
	添加剂超标或含违禁物	信息不对称、为降低成本、逐利败德动机及法律安全意识淡薄
	基因改造等技术不确定性	认知能力不足或技术尚不成熟而过度追求产量及经济效益

续表

一级风险 （风险环节）	二级风险（危害因子）	风险诱发动因
生产 加工风险	滥用添加剂或含违禁物	信息不对称、迎合消费者偏好及管理操作不当或法律意识淡薄
	微生物超标或致病菌污染	场所卫生条件差及管理不当
	假冒食品或使用劣质、变质及废弃物等做食材	信息不对称、败德逐利动机或法律意识淡薄及违法成本过低
	营养成分与结构不达标	违规降低成本或受技术约束
	特定工艺与新技术的副作用	工艺与技术论证不足或不成熟
	包装材料及方式不合格	管理不当、为节约成本、技术缺陷或故意隐蔽质量标识信息
	上游传递重金属及化学物超标	忽视上游传递性风险或对其防控失败
物流 储运风险	储运滥用保鲜、防腐等添加剂	违规行为隐蔽性强、受罚成本较低及法律安全公德意识淡薄
	微生物污染或食品变质	物流环境与技术差或管理不当
	储运环境条件不符合要求	物流系统投资不足或管理不善
	上游传递与耦合的有毒有害物质	对传递性风险防控动力不足
销售 消费风险	储藏滥用保鲜、防腐等添加剂	违规行为隐蔽性强、受罚成本较低及法律安全意识淡薄
	微生物污染或食品过期使用	管理不当及质量安全意识薄弱
	标签信息不规范或失真	管理不善或败德逐利动机
	食用方法及饮食习惯不合理	消费知识缺乏或安全意识淡薄
	上游传递与耦合的有毒有害物质	对上游传递性风险防控失败
政府 监管风险	多头监管存在权责不清	监管制度不完善
	监管缺位或惩罚力度不足	权力寻租、监管成本过高或相关法规不完善
	检测服务供给及技术水平不足	检测投入及难度大或科学未知
	标准缺失、界定模糊或操作困难	标准制度不完善或执行成本高

3.1.2　供应链视角下食品质量安全风险因素的结构模型

解释结构模型（ISM）技术是美国学者沃菲尔德教授于 1973 年为分析复杂的社会经济系统结构问题而开发的（汪应洛，2011）。ISM 技术的基本原理及步骤如下：

步骤 1：确定研究问题，提取问题的关键构成要素。

步骤 2：判断各要素之间的二元关系情况，建立邻接矩阵。

步骤 3：根据要素间关系的传递性，通过对邻接矩阵计算或逻辑推断，得到可达矩阵。

步骤 4：将第 3 步中获得的可达矩阵进行要素等级划分。

步骤 5：将级位划分后的可达矩阵进行缩约和简化，绘制出要素间的多级递阶有向图。

步骤 6：根据各要素实际意义，通过文字解释，将多级递阶有向图转化为一个 ISM 模型。

步骤 7：检查第 6 步获得的解释结构模型概念的一致性，并经多次反馈做出必要的修正。

这里将利用上述解释结构模型化（ISM）技术，提出供应链视角下的食品质量安全关键风险因素相互影响的结构关系模型。

1. 建立风险要素之间的二元关系矩阵

二元关系矩阵是一个表示变量（如一级风险要素 i 和 j）之间两两关系的矩阵，矩阵中 (i, j) 条目用符号 V、A 和 X 来标识风险要素之间的关系方向。其中"V"表示风险行要素 i 直接影响到列要素 j；"A"表示风险列要素 j 对行要素 i 有直接影响，或称 i 被 j 直接影响；"X"表示要素 i 和要素 j 彼此相互影响；"—"则表示风险变量 i 和 j 之间相互没有直接影响关系。基于这些关系，经专家判定及统计分析，得出表3－2。

表3－2　　供应链视角下食品质量安全风险要素二元关系矩阵

一级风险	原料供应风险（1）	生产加工风险（2）	物流储运风险（3）	销售消费风险（4）	政府监管风险（5）
原料供应风险（1）	—	V	V	—	A
生产加工风险（2）	A	—	X	V	A
物流储运风险（3）	A	X	—	V	A
销售消费风险（4）	—	A	A	—	A
政府监管风险（5）	V	V	V	V	—

　　2. 建立邻接矩阵和可达矩阵

　　根据前面二元关系矩阵建立供应链视角下食品质量安全风险要素的邻接矩阵 A 见表3－3。

表3－3　　供应链视角下食品质量安全风险要素的邻接矩阵 A

风险序号	1	2	3	4	5
1	0	1	1	0	0
2	0	0	1	1	0
3	0	1	0	1	0
4	0	0	0	0	0
5	1	1	1	1	0

　　根据前面的邻接矩阵 A 及风险要素间二元关系的传递性，进而推断出风险要素间各次递推的二元关系，再通过加入反应自身到达关系的单位矩阵，建立可达矩阵 M 见表3－4。

表 3 - 4　　供应链视角下食品质量安全风险要素的可达矩阵 M

风险序号	1	2	3	4	5	扩散动力
1	1	1	1	1	0	4
2	0	1	1	1	0	3
3	0	1	1	1	0	3
4	0	0	0	1	0	1
5	1	1	1	1	1	5
暴露动力	2	4	4	5	1	

表 3 - 4 中，扩散动力表征某一行风险因素对其他风险因素的影响力，其值越大，表示该风险所影响的其他风险的数量越多，风险危害越大。暴露动力表征某一列风险因素受其他风险影响的程度，其值越大，表示影响该风险的其他风险数量越多，该风险爆发的概率越大。

3. 等级划分

根据风险要素级位划分的思想，现把前面得到的可达矩阵 M（见表 3 - 4）划分为不同的级别。所有风险要素的可达集和先行集可从 M 中得到，进而得到二者的共同集。若可达集和共同集相同，则该风险要素被认为是等级Ⅰ，同时被放在 ISM 等级中最高的位置，该风险对处于其等级之下的其他风险强弱不产生影响。在第一次迭代之后，去掉被归类为等级Ⅰ的风险要素，迭代程序再对剩余的风险要素集进行重复来确定等级Ⅱ的风险要素。依次类推，直到每一个风险要素的等级被确定下来。该算法迭代过程和风险要素的分级结果见表 3 - 5。

表3-5　供应链视角下食品质量安全风险要素分级的迭代过程与结果

风险要素集合	先行集	可达集	共同集	等级
原料供应风险（1）	1, 5	1, 2, 3, 4	1	
生产加工风险（2）	1, 2, 3, 5	2, 3, 4	2, 3	
物流储运风险（3）	1, 2, 3, 5	2, 3, 4	2, 3	
销售消费风险（4）	1, 2, 3, 4, 5	4	4	Ⅰ
政府监管风险（5）	5	1, 2, 3, 4, 5	5	
原料供应风险（1）	1, 5	1, 2, 3	1	
生产加工风险（2）	1, 2, 3, 5	2, 3	2, 3	Ⅱ
物流储运风险（3）	1, 2, 3, 5	2, 3	2, 3	Ⅱ
政府监管风险（5）	5	1, 2, 3, 5	5	
原料供应风险（1）	1, 5	1	1	Ⅲ
政府监管风险（5）	5	1, 5	5	
政府监管风险（5）	5	5	5	Ⅳ

4. 结构关系模型

根据表3-5得出一个ISM层次，即供应链视角下的食品质量安全风险要素分为四个等级层次，其中，销售消费风险被定为等级Ⅰ，生产加工风险和物流储运风险同时被定为等级Ⅱ，原料供应风险定为等级Ⅲ，政府监管风险位于最低等级Ⅳ。据此，系统生成的风险要素递阶结构关系模型如图3-1所示。

3.1.3　供应链视角下食品质量安全风险的生成机理解析

表3-1显示，基于供应链视角的食品质量安全风险主要来源于原料供应、生产加工、物流储运、销售消费以及政府监管五大风险环节，每一环节风险因素又包括若干具体危害因子。同一种危害因

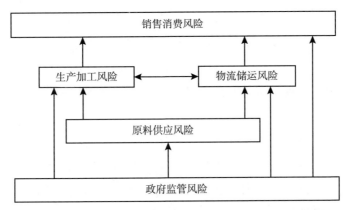

图 3 - 1　供应链视角下的食品质量安全风险要素递阶结构模型

子可能只存在于一个风险环节因素中，也可能同时成为多个风险环节因素的危害源。这种身兼"数职"的危害因子产生的根源：一是虽然风险因子自然属性相同但其内涵及诱发动因存在差异，二是来源于风险因素的传递性。如特定加工新技术产生的副作用只属于生产加工风险环节；而微生物污染除了政府监管风险环节外其他风险环节均存在，但其生成的微生物种类、环境条件以及相关者主观动机均存在一定差异；尤其是化学污染危害因子在下游防控失败的情况下则可能不断向下传递，直到最终食品消费。每种风险危害因子的深层诱发动因可能相同也可能不同，但总体可归纳为自然环境污染和设备技术缺陷等客观因素、经营管理不当和监管法规不完善等非恶意主观因素、败德故意行为等恶意主观人为因素和对上游传递性风险危害因子防控不力四大动因。

根据图 3 - 1 所示，政府监管风险处于结构模型的最低层级，表明政府监管风险作用于食品供应链的整个过程，对原料供应风险、生产加工风险、物流储运风险和销售消费风险均具有直接的影响，且这种影响具有显著的正向性，其风险越高，整个食品供应链的食品质量安全风险就会越高。根据表 3 - 4 所示，政府监管风险的扩散动力为5，暴露动力为1，说明政府监管风险对包括自身在内的所有风险因素具有直接的正向驱动作用，同时表明该风险的大小并不受其他风险因素的影响，这进一步说明了政府监管风险对我国目前供应链视角下的食品质量安全风险具有重要的基础性和外生性复合影响作用。

继续分析表明，原料供应风险处于结构模型的第三层级，构成了整个食品链内在的源头风险，对系统整体内生性风险具有最强的基础性作用，对生产加工和物流储运两风险产生直接影响，并通过传递效应对销售消费风险具有间接影响，是食品供应链质量安全风险生成的第一内生根源。同时原料供应风险的扩散动力为4，暴露动力为2，表明该风险对整个供应链上的食品质量安全风险具有极强的扩散驱动力，除政府监管风险外该风险大小并不再受其他风险因素的影响，其源头性和基础性更加显著。生产加工风险和物流储运风险同处于结构模型的第二层级，二者相互影响且对销售消费风险具有直接的正向影响，同时还反受到原料供应风险和政府监管风险的直接作用。其风险来源包括该层次风险因素本身生成的风险和上游第三层次原料供应风险环节传递过来的风险两方面。生产加工和物流储运风险的扩散动力均为3，暴露动力均为4，表明这两个风险因素对整个供应链上的食品质量安全风险具有较强的影响力，同时其自身风险爆发的概率也很大，第二层级风险尤其生产加工风险是整个食品链上食品质量安全风险生成、传递和爆发的重灾区。销售消费风险处于结构模型最高的第一层级，是整个食品链风险传递的末端，受到生产加工风险、物流储运风险和政府监管风险三个因素的直接影响，还受到原料供应风险的间接传递影响，但该风险对其他风险因素大小没有影响。其风险来源包括该风险因素本身生成的风险和上游第二层次中生产加工风险和物流储运风险两因素传递下来的风险两方面。销售消费风险的扩散动力为1，暴露动力为5，表明该风险具有极强的爆发动力和极高的爆发概率，是整个供应链上食品质量安全风险经过层层累积和耦合共振后最有可能集中爆发的风险区。

3.1.4　结论

食品供应链视角下的食品质量安全风险及其结构问题研究具有较强的复杂性和重要性。本节主要结论包括以下三点。

（1）提出了影响供应链环境下食品质量安全的原料供应、生产加工、物流储运、销售消费以及政府监管五大风险因素、危害因子及其诱发动因。

（2）利用 ISM 技术，建立了供应链视角下的食品质量安全一级风险因素的结构关系模型，进而给出了各种关键风险要素之间相互影响的等级层次关系。

（3）揭示了供应链视角下食品质量安全风险的生成机理。政府监管风险是食品供应链运行中食品质量安全风险防控的全程关键外生变量，应该引起特殊关注。原料供应风险是内生风险防控的第一道重要关口，控制住该要素，就是切断了风险的源头。生产加工风险处于影响食品供应链质量安全的"心脏"，是食品链上质量安全风险生成、传递和爆发的重灾区，其防控成败决定了整个供应链上食品质量安全保障线的生死存亡，同时关注物流储运风险贯穿于整个食品供应链的全过程。销售消费风险是整个食品链风险的最高层级和传递末端，同上游风险的综合累积耦合作用结果导致该风险具有最高集中爆发概率，作为最后一道防线上的该风险隐患可使食品供应链上前期质量安全风险防控的努力功亏一篑。基于有效管理的需要，整个食品供应链上食品质量安全危机防控的重点应前移至风险第二、第三层级。

3.2　食品质量安全风险传导机理

3.2.1　食品供应链质量安全风险传导系统

食品供应链质量安全风险具有客观传导性，这种特性是诱发食品质量安全事件的重要原因之一。基于风险有效管理的需要，在风险识别研究的基础上，风险传导问题已引起了人们的重视。近年来，有关企业风险传导机理的研究发展较快，企业风险传导又可分为狭义上的企业内部风险传导和广义上的企业间风险传导（叶建木等，2005；夏喆、邓明然，2007），而企业间的风险传导初步体现了供应链风险传导的思想。供应链风险传导一般包括风险源、传导介质、传导节点和传导路径等基本要素（李刚，2011）。供应链环境下食品质量安全风险传导同样包括风险源、传导介质、传导节点、风险接受者四个基本构件。食品从原料到消费的整个供应链中，每一步都会有风险毒物存在或出现，这些毒物将会沿着食品生产链条进行传递，在理论上存在着累积效应，并会产生过程诱导及衍生而来的新的风险物质（曹进等，2011）。

目前关于企业层面和一般供应链层面的风险传导研究已取得了较多成果，而食品不同于一般的产品，其质量安全风险演变也不同于其他风险。目前针对诱发食品供应链质量安全事件的内在风险演变规律的研究虽然有所涉及，但还严重不足，比如供应链背景下的食品质量安全风险阈值理论、传导节点风险定量分析、风险因子传导中的耦合关系，尤其是针对基于供应链视角的食品质量安全风险传导系统的整体理论框架问题认识模糊。基于此，本节试图提出一个食品供应链质量安全风险传导系统及其构成要素的理论研究框架，包括食品供应链质量安全风险传导系统的结构模型；结合食品的特殊性，深入解析食品供应链质量安全风险传导系统的主要构成要素，诸如风险源、传导阈值、传导载体、传导路径、传导节点、传导宿体以及风险调控过滤器，并揭示其风险度量的函数关系式。

1. 食品供应链质量安全风险传导的概念

根据前文供应链环境下食品质量安全风险概念，并借鉴企业和项目风险传导的定义（王元明、赵道致，2008；夏喆，2010；邓明然，2010），食品供应链质量安全风险传导是指在食品供应链系统运行中，由于受到主客观不确定性因素的干扰和影响，导致食品在供应链系统中某个节点产生了影响食品质量安全的风险因素，这些风险因素在该节点中发生积聚和耦合效应，形成内部风险流，当其超过风险传导阈值时，便依托于风险传导载体，经由食品供需链传导路径，以原有的风险属性或是耦合突变后生成的新的风险释放、传递和蔓延到食品供应链下游的相关环节及其业务流程中去，直至最终消费者，从而可能造成食品中含有的有毒有害物质或存在的其他影响食品质量安全性的因素对人体健康产生危害的过程。理论上，食品质量安全风险传导既包括风险在各节点企业内部的传导，也包括风险在食品供应链上各节点企业之间的传导，这里主要针对后者。

2. 食品供应链质量安全风险传导系统的结构

食品供应链质量安全风险传导过程是一个典型的动态开放系统，供应链各节点之间存在着密切的供需关系、业务联系和利益纽带。根据食品供应链质量安全风险传导的概念，绘制出食品供应链质量安全风险传导系统的结构模型如图 3 – 2 所示。

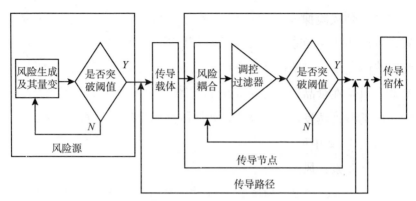

图 3-2   食品供应链质量安全风险传导系统结构模型

图 3-2 表明，食品供应链系统运行过程中，由于受到系统外部和内部主、客观因素的干扰和影响，导致食品供应链系统中某个节点产生了某种食品质量安全风险，形成静态风险源；当其风险超过该节点自我调控能力即风险传导阈值时，在食品供应链中便形成一种动态的风险流，向供应链下游释放、传递和流动，即出现了风险传导效应；其传导是通过物质等风险载体，沿着食品供应链依次或跳跃式向下游节点传递，并与下游节点本身已存在的风险发生耦合作用，在节点风险自适应调控机制的作用下，或断流或继续向下游流动，直至风险传导宿体。在食品质量安全风险传导的过程中，风险流与各个节点内存在的风险因子往往会产生强耦合效应，发生风险量瞬间骤增或从量变到质变的演化，从而可能导致潜在的风险直接变为实际危害，即给人身健康造成直接或间接的损害。食品质量安全风险流在从供应链的风险源头到终端流动的过程中可能出现以下四种形式：强流、弱流、断流和突变流。风险强流是指风险在从源头出发，沿着食品供应链向终端流动过程中，总体上在风险节点不断积累或发生强耦合共振，使最终风险加强。风险弱流是指风险在从源头出发，沿着食品供应链向终端流动过程中，总体上因在风

险节点受到风险抑制作用，而使最终风险减弱。风险断流是指风险在传递过程中，由于受到传导节点对风险高强度的抑制作用或环境发生突变而导致风险突然消失，从而造成风险传导中止。风险突变流是指风险在食品供应链传递过程中因发生耦合突变，从而改变了原风险类型，诱发及衍生出新的风险因子，并继续向下传递。

从图3-2中可以看出，食品供应链质量安全风险传导系统主要包括以下要素：风险源与传导阈值、传导载体、传导路径、传导节点与调控过滤器以及传导宿体，该系统结构清晰地表征了各风险传导要素之间的关系。

3. 食品供应链质量安全风险传导系统的要素

（1）风险源与风险传导阈值。

①风险源。风险源是食品供应链质量安全风险产生的源头，是引发食品质量安全事故的根源。食品供应链中的每个环节都可能成为风险源，特别是源头供应环节和生产加工环节。由于受到诸多不确定性因素的影响，从而导致在这些节点中食品质量安全风险的产生、聚集和突变，并可能冲破传导阈值向供应链下游传播、流动和扩散。比如，在食品原材料种植环节重金属汞超标，在检测和防控管理失败的情况下，汞将沿着食品供需链路径进入物流储运环节、生产加工环节，直至销售消费环节。当过量的重金属汞通过食品消费进入人体后必然会引发人体中毒，甚至危害生命。汞在向下游节点传递过程中，可能始终保持原有的物理属性并发生量变，也可能与其他物质进行耦合作用并衍生出来新的风险物质而发生质变，从而导致这一食品质量安全事件的直接根源来自源头供应环节，即为风险源。

假设$X_i(i=1, 2, \cdots, m)$表示食品供应链上某个食品质量安全风险源中的第i个风险因子变量，则该风险源（RS）的综合风险量值可表示为风险因子的函数为：

$$R = f(X_1, X_2, \cdots, X_m) = f(P_1C_1, P_2C_2, \cdots, P_mC_m)$$

上式中，R 表示某个风险源的综合风险值，f 表示综合风险的函数关系，X_i 表示食品质量安全的物理、化学或生物等风险因子及其子因素，P_i 表示第 i 个风险因子生成风险事件的概率，C_i 表示第 i 个风险事件发生的后果。

②风险传导阈值。根据风险的传导过程和结果，阈值可分为风险传导阈值和风险危机爆发阈值。食品质量安全风险传导阈值是指风险从食品供应链中一个上游节点子系统向另一个下游节点子系统以原有的风险性质或是耦合突变后产生的新的风险因子动态流动、迁移、扩散发生时点的临界值；食品质量安全风险危机爆发阈值是指风险在食品供应链系统内传导过程中，受风险事件触发，由潜在的不确定性危害转变成实际具有破坏性的事件发生时点的临界值。

食品风险源并非一经产生就向下游节点释放和传递风险，它会受到风险源子系统一定程度的自我控制，只有当风险变量的量变积累或质变状态超过子系统的自我承载能力临界值即风险传导阈值时该风险才能发生传导，且不同的环节或节点企业其阈值也不相同。比如说，当重金属汞在源头供应环节聚集、耦合超过该环节承受值时即在自我检测和防控管理失败的情况下，汞才会向下游传递与释放，由局部的、静态的以重金属汞为表征的源头供应风险逐渐转化为动态的、可传导的风险。

食品供应链中每一个节点的风险传导阈值并非固定不变的，当影响阈值的自变量发生变化时，风险传导阈值随之提升或降低，从而引起风险传导系统发生变化，其变化的动因及形式主要包括：一是当风险因子积累的量值越过了节点子系统初始时刻所能承受的风险临界点时，此时风险由静止转向动态传导；二是当节点子系统所存在的环境发生变化，产生某些诱因，使得节点风险传导阈值降低

（即节点企业风险防控能力下降），从而促使原有的局部、静态风险发生突变，以至产生了风险在食品供应链上的传导。

对于节点企业而言，每种风险因子均存在各自的阈值。通常影响风险传导阈值的主要变量包括：系统环境与结构（S），指食品生产环境、加工技术、管理组织结构及规章制度等要素的整体协调性；防控努力程度与水平（E），指食品生产者经营理念、风险防控投入水平、人或组织的主观意愿、质量安全意识以及社会责任感等要素的整体水平；质量安全标准（Q），指食品质量安全标准设置的科学合理性和严格程度；管控能力（M），指食品风险检测技术水平、检测频度、投入强度和处理能力等要素的整体持续能力。基于每个节点经营者基本的风险管理理念和正常的逐利动机，以上四个变量对风险传导阈值的影响具有显著的替代性，不失一般性，假定经过标准化（如统一折算成风险防控投入成本等）处理后均与风险传导阈值成正向线性变化。考虑到实践中每个节点整体食品质量安全风险目前难以准确度量和检测的情况，这里风险传导阈值中的"风险"主要针对的是已可识别、度量且有条件检测的风险包（通常只包含一种或几种同类风险因子）。由此，提出食品供应链节点中某种风险因子的传导阈值（TV）的函数关系式如下：

$$TV = k_1 S + k_2 E + k_3 Q + k_4 M + \delta$$

上式中，k_1、k_2、k_3、k_4 分别表示影响风险阈值的相应变量权系数；δ 表示除 S、E、Q、M 四个变量之外的其他全部要素影响食品质量安全风险传导阈值的随机扰动项。

（2）风险传导载体与风险传导路径。

食品供应链质量安全风险传导载体，是指承载和传递食品质量安全风险的各种客观物质与信息，在风险传导中起着"媒介""桥梁""工具"的作用，是风险传导的必要条件。如果没有风险传导载体，食品供应链中的食品质量安全风险就不会传导。但食品供应链质量安全风险传导及其载体是客观存在的，我们只能积极地、正确地识别它，必要时控制它、截留它。食品供应链质量安全风险传导载体通常可分为显性载体和隐性载体两大类。

①显性载体。主要是物质载体，指食品原料、添加辅料、半成品或产成品、包装物、加工设备、运载工具、储运环境以及技术条件等。物质载体是食品供应链传导食品质量安全风险因子的基础性主导载体。

②隐性载体。主要包括两类：一是信息载体，指食品质量安全标准信息、食品包装物上标注的各种质量信息、食品消费方法及说明等；二是制度载体，指各节点食品生产及营运制度、食品质量安全管理制度、食品质量安全生产标准规范以及其他有关食品质量安全政策等。隐性载体通常不能独立发挥作用，而必须依附或借助于物质载体来传递食品质量安全风险。

食品供应链质量安全风险传导路径，是指食品质量安全风险在食品供应链系统中传导所流经的路线、途径和方向。一般来讲，食品供应链质量安全风险传导路径就是食品在生产、加工、储运以及销售消费等全过程中的供需价值链。在这条食品供需价值链上，无论哪个环节生成的质量安全风险，当该风险累积超过其传导阈值时，都将会不同程度地向下游传递，形成供需价值链传导。

（3）风险传导节点、调控过滤器及传导宿体。

食品供应链质量安全风险传导节点，又称风险传导的过程接受者，是指食品质量安全风险源发出的风险所流经的食品供应链上的各环节或节点企业，是风险传导路径上的"驿站"。而风险最终接受者，即食品最终消费者，就称为风险传导宿体。风险调控过滤器，实质就是节点子系统本身的风险自我调节机制。由于食品供应链系统中的每一个传导节点都是风险自适应子系统，第 i 个节点的风险调控机制就决定了上游第 $i-1$ 个节点的食品质量安全风险能否

流入并透过第 i 个节点传导到下游第 $i+1$ 个节点。第 i 个节点中的风险通过调节过滤器有效工作后，其风险大小、风险性质、传递方式及其危害性都可能发生变化，食品质量安全风险传导的最终结果取决于风险节点子系统自身调控过滤器的功能与效率。

影响食品供应链中每个传导节点风险量的因素很多，归纳起来，主要决定性因素包括：传导节点子系统的环境与结构、风险生成量、抗风险能力、防控努力水平、接受上游节点风险传入量等。这些因素的综合作用结果，就形成了当前节点的风险产出量。

依据食品供应链质量安全风险传导的概念，食品供应链上每个风险传导节点中的食品质量安全风险构成（除第一个节点外）包括三部分：一是食品供应链当前节点子系统本身产生的食品质量安全风险；二是上游节点以产品交付物为载体传递下来的食品质量安全风险；三是前两部分风险因子经过相互耦合理化作用后产生的新的风险，该部分风险因子实质来源于前两部分，但风险属性和能量可能有所不同。因此，食品供应链上第 i 个传导节点的食品质量安全风险 Y_i 的函数关系式可表示为：

$$Y_i = \beta_i R_i + \omega_i Y_{i-1} + N_i + \varepsilon_i$$

上式中，$i=2$，3，$\cdots$，n，Y_{i-1} 为上一节点食品质量安全风险，是 Y_i 的一阶滞后变量；R_i 为当前节点子系统本身产生的食品质量安全系统风险。β_i 为节点 i 自身风险因素经调控、耦合及过滤后按原有属性对食品质量安全风险的贡献系数，其值介于 0 到 1 之间，$\beta_i = 1$ 表示节点 i 自身风险因素全部直接转化为本阶段的食品质量安全风险。ω_i 为食品供应链上一节点食品质量安全风险对当前节点的风险传导系数，反映了上游节点风险传递到下游节点并经调控、耦合及过滤后按原属性直接转化为食品质量风险的比例，其值介于 0 到 1 之间，$\omega_i = 1$ 表示上游节点中食品质量安全风险被完全地传递到了下游节点，没有发生任何衰减和其他变动。ω_i 这一参系数应当是食品供应链中上游节点食品质量安全风险水平、当前节点抗风险能力以及抗风险努力程度的函数。N_i 为当前节点自身生成的风险与上游传递下来的风险经相互耦合理化作用后产生的新的风险；ε_i 为随机扰动项，表示实验观察或计算误差。

进一步考虑食品供应链上的最后一个节点 n（即为风险传导宿体）的质量安全风险量，也可以理解为食品最终总的质量安全风险量。根据前面 Y_i 的函数关系式，可以构造出节点 n 的食品质量安全风险值为：

$$Y_n = \beta_n R_n + \omega_n Y_{n-1} + N_n + \varepsilon_n$$

4. 小结

食品供应链质量安全风险传导系统要素主要包括风险源与传导阈值、传导载体、传导路径、传导节点与调控过滤器以及传导宿体等，各要素在食品质量安全风险传导中相互关联、功能独立、成为一体。食品供应链中每一个节点都可能成为风险源，风险源是诸多风险因子综合作用的宏观表征。风险阈值具有层次性，风险源中的风险因子是否向外传播，取决于其风险量和风险传导阈值的大小，影响风险传导阈值的因素包括食品供应链质量安全风险传导系统的环境与结构、风险防控努力程度与水平、食品质量安全标准以及风险管控能力等。风险传导载体是风险传导的必要条件，分为物质等显性载体和信息等隐性载体，物质载体是食品供应链传导食品质量安全风险因子的基础性主导载体，而信息等载体通常不能独立发挥作用，其必须依附或借助于物质载体来传递食品质量安全风险。食品供应链质量安全风险传导路径实质就是食品供需链，各种风险因子正是沿着这一链条呈规律性地向下游传导，直到食品最终消费者。每个风险传导节点都是一个风险自适应子系统，具有各自的风险调控机制，食品质量安全风险在经由风险传导节点后，其风险大小、属性及传导方式等都可能发生变化，其变动结果取决于风险节点子系统的调控过滤器的功效。

研究供应链环境下的食品质量安全风险传导系统及其构成要素，就是为了揭示并遵循供应链环境下食品质量安全风险的传导规律，有针对性地控制食品质量安全风险源、改善风险阈值、强化风险调控机制、阻断或减弱风险流，从而有效地防控食品质量安全风险，最终达到提高广大消费者身心健康和生活质量的目的。

3.2.2 食品供应链质量安全风险传导动因

食品质量安全风险演变为危机事件必须经过两个重要阶段：一是风险生成，它是前提基础；二是风险传导，它是直接原因和必要条件，且受主观因素影响较强。因此，厘清食品供应链质量安全风险的传导问题就成为有效调控食品质量安全风险的关键。食品质量安全风险因素可分为微生物超标、添加剂超标、混有异物、含违禁物、营养不达标、食品变质、包装不合格、重金属超标和过期再利用九类（张红霞等，2013），这些风险因素一旦在食品中生成，便会依托于食品物质载体，沿着供应链逐级向下传导。

食品不同于一般产品，其质量安全风险传导可能受到的影响因素多而复杂。从经济学角度探究食品质量安全问题发生的机理，得出食品质量安全问题是现代供给和消费方式的必然产物（周应恒、霍丽玥，2003）。基于风险管理的视角，张煜和汪寿阳（2010）提出了包含追溯性、透明性、检测性、时效性和信任性五个要素在内的影响农产品产业链质量安全风险的管理模型框架。卡斯威尔等（Caswell et al.，1996）认为在市场机制下，有关食品安全管制政策效能高低的关键在于包括企业的声誉形成机制、产品质量认证体系、标签管理、法律和规制的制定、各种标准战略及消费者教育等在内的信息监管体制。法尔斯等（Fares et al. , 2010）以自愿实施食品安全体系的机制为研究对象，分析了政府监管部门和零售商对生产企业建立食品安全监管体系的联合作用。进一步归纳现有文献研究成果表明，影响食品质量安全风险演变的因素主要涉及风险隐蔽性、检测技术、市场失灵、政府失灵、供应链模式和道德缺失等问题（Susan Miles，2004；Van Asselt E. D. , 2010；万俊毅、罗必良，2011；倪学志，2011）。

然而，目前关于食品质量安全风险演变问题的研究大多侧重于对各种风险成因的独立分析，而针对供应链环境下食品质量安全风险传导动因及其相互影响的层次结构关系问题还认识模糊。于是，人们不禁要问：食品质量安全风险为什么会传导？其动力和根源是什么？各种传导诱因之间是否存在内生影响关系，其结构如何？如果不能追根溯源解决这一问题，有关食品质量安全风险问题的研究将只能浮在表面，从而势必影响到食品质量安全风险的有效监控和风险突变的应急管理实效。食品质量安全风险在供应链上传导不仅是一个物理活动过程，更是一个经济活动过程，而且在满足一定的条件下，存在特定的结构影响关系，遵循一定的演变规律。研究表明，食品质量安全风险传导在整个供应链运行过程中除了受环境卫生条件和日常管理不善等常见原因影响外，同时还存在诸多更深层次的诱因。

1. 食品供应链质量安全风险传导的动因

经过研究者十余年的跟踪，系统查阅了 2000 ~ 2018 年常见数据库中有关食品供应链质量安全风险传导内容的中文核心文献及百余篇外文文献，收集并分析了近十年来食品质量安全事件典型案例达200 余项。根据对大量文献的研究、实地专家访谈以及大连、哈尔滨和长三角等地区典型食品生产者和消费者的调查及信息统计，归纳并提出目前我国食品质量安全风险传导的九大关键动因及其相互影响关系（晚春东等，2016）。

（1）隐蔽性强。食品质量具有的显著经验品和信任品特征决定了其安全风险具有较强的隐蔽性，而食品质量安全风险因素本身的隐蔽性必然导致其传导的隐蔽性。质量隐蔽因素与不能观察、难以检测、后果延迟和科学未知等风险变量具有强烈的联系。当今食品质量安全风险演变往往不再是人们通过感官就可以直接感受到的，风险接受者可能根本就没有觉察到风险的存在，甚至食品中的某些有害因素即使下游企业通过现有的专业检测技术也难以识别。隐蔽性还体现在风险后果的时滞性，现代食品生产中，食品质量安全风险传导后果往往需要经历一段时间延迟才会逐渐表现出来。食品质量安全风险传导的这种强隐蔽性，客观上造成风险识别、治理和监管难度加大，进而造成风险治理不及时、不彻底、易传播，甚至被食品生产者利用来主观恶意向下游传递直至最终消费者。可见，强隐蔽性是食品质量安全风险在供应链上传导乃至引发食品危机事件的基础诱因。

（2）认知能力不足。事实上，一般消费者掌握的有关食品质量安全方面的专业知识非常有限，而食品质量安全风险及其传导的强隐蔽性又进一步加大了识别难度。自然界中有毒物质无处不在，而人类的认知能力却是有限的，有些能够识别，更多的天然毒素仍然未知或认知不足。即便是本人经常消费的食品，其含有的有害物质大多数人也往往无法认知，如白酒中的塑化剂，其慢性毒害作用只是到了近年才基本清楚，但在过去较长时间内尚未察觉。未知必难设防，风险毒素一旦进入食品链，就会悄无声息地传导下去。甚至即使某风险因素科学已知，但由于政府宣传教育不够等原因，下游主体也未必能够完全识别，而无论上游是因客观未知还是存在主观故意向食品中植入该风险。此外，食品中某些毒素的检测技术与设备存在严重的能力不足或不确定性，也可能致使其防控食品质量安全风险流向消费者的安全门作用失灵。这些都为食品质量安全风险沿供应链向下游传导提供了客观充分条件。

（3）信息不对称。根据信息经济学和委托代理理论，食品供应链上各相关主体间的关系实质上就是一种委托代理关系，各成员间以及成员与政府之间信息不对称是普遍的绝对的。信息不对称体现在两个层面：一是基于节支增收的激励，食品供应链上的经营者在市场交易中故意向政府监管部门隐藏食品质量安全风险信息，政府监管者因掌握的风险信息不完全而难以采取有效治理措施，致使供应链上风险传导监管失败。二是上游成员为了追求自身利益的最大化，在监管失效或认知能力不足的条件下，可能会借机故意隐藏风险信息，做出有损下游利益的行动，逃避责任甚至恶意转移风险，如制假售假、以次充好或采用劣质食材等败德行为；还可能利用产品成分、功能和生产日期等失真的标签信息造成市场信号和消费者行为发生扭曲，导致真正优质食品供给不足，劣质食品大行其道，结果使得下游无法或无力阻止食品质量安全风险流动和传播。信息不对称性是诱发食品质量安全风险传导的根本原因。

（4）投机败德行为。食品质量安全是一种信誉品，源于供应链上食品质量安全风险传导的隐蔽特性、认知不足、信息不对称、监管不完全和经营者法律道德意识淡薄，以及基于过分追求节支增效目标的激励和侥幸心理的存在，必然导致链上成员投机败德行为的发生和"传染"，从而通过传递风险降低食品质量安全性来增加自身收益就成了食品生产者的主要策略选择。另外，识别和管控食品质量安全风险所支付的成本要由链上单个企业承担，而由此获得的利益却由全体成员共享，这在节点企业都是理性"经济人"的假设前提下，难免会有一些成员产生"搭便车"的动机和行为，甚至出现联盟整体"塌陷"，导致整个食品供应链质量安全风险防控投入严重不足，风险流动力加强。最终使得上游成员故意制造和传播风险，下游成员主动或被动接受风险并顺势转移释放以降低自身的风险能量。因此，投机败德行为就成了供应链上食品质量安全风险传导的强力内在推手和直接原因。

（5）治理成本高能力弱。风险管控的能力和成本与收益水平是决定风险能否向供应链下游传递的关键影响因素。统计表明，目前我国食品供应链自下而上的企业投资收益率和食品质量安全风险防控能力呈逐渐递减趋势，越是上游风险源往往越具有强烈的转移风险意愿。同时下游企业主动实施阻断或管控风险的动力不足，这是因为食品质量安全风险因素具有强隐蔽性、治理外部性和难以快速检测与完全消除，其风险治理收益短期内并不显著，但治理成本往往很高。通常风险爆发多归因于日常管理不善，而管理不善的根源则在于存在风险管控的高成本低收益陷阱。现实情况是，供应链联盟内一些中小食品经营者本身迫于资金实力较弱、风险防控技术缺乏、安全检测能力较低的压力，客观上无力对潜在的风险因素进行有效治理，从而直接导致下游接受风险并顺势再下传就成了整个行业潜规则，尤其越是上游成员在主观上越存在强烈的以转移风险的方式获得自身成本收益补偿的动机。可见，治理风险成本高和能力弱就成了食品质量安全风险不断向下游传递的重要内生变量。

（6）标准体系不健全。食品质量安全标准是保证广大消费者身心健康和促进产业持续发展的重要基础，制定科学完善的食品质量国家标准体系是确保食品质量安全的最基本制度安排，也是政府直接监管的核心内容与执法依据。缺失这一严谨制度安排，无论企业、消费者还是政府相关部门将无法正确履职，维护自身的权益，也难以对失职、违规和败德者进行追责。中国现已形成了由国家标准、行业标准、地方标准和企业标准构成的多级标准体系。目前存在的主要问题包括：标准制定和实施的法律保障不力、标准运作成本高；食品质量安全国家标准比重低，有的标准甚至低于现代人体健康的基本要求；部分食品质量安全标准或配套缺失，标准制定的科学性合理性差；标准识别模糊或存在解释不唯一；标准层次多且缺乏必要的规范性和统一性等。这些问题常常造成各种相关利益者无标准可循、操作困难甚至漠视和被动传播风险，最终导致食品质量安全风险在供应链上传导管控的失败。

（7）政府监管失效。食品质量安全具有显著的社会公共物品属性和外部性，政府监管与服务供给对食品质量安全风险的生成和传导具有不可替代的重要影响。食品质量安全风险演变存在较高的政府监管依赖性，而这种依赖性决定了食品经营者实施质量安全风险策略选择和行动的方向。现阶段，由于政府监管中的食品质量安全法规不完善、追溯规制不健全、监督成本过高以及质量安全标准体系存在缺陷等原因，导致政府对食品质量安全风险演变监管的部分或整体失效，从而可能使食品生产与服务商大量制售劣质、假冒、有毒或技术后果不明确的可能危害人体健康的食品，甚至出现"劣币驱逐良币"的食品市场乱象。在市场和政府双重失灵的背景下，犹如打开了食品供应链上的一道道风险闸门，风险因素将会从供应链上游风险源不断向下游传递和扩散，直到最终消费者。因此，政府监管失效就构成了食品质量安全风险沿着供应链向下游进行传导的动因。

（8）生产组织模式缺陷。长期以来，我国食品（农产品）主流生产组织模式的显著特征是小规模生产、分散化经营、流动性摆摊，大部分经营者是小微企业，还有不计其数的个体小作坊、小摊贩，行业小散乱问题十分突出。这些经营者在过度追求节支增收的目标激励下，其理性选择的结果可能直接导致农兽药、添加剂、违禁物等滥用或违规使用，因此，该特征是食品生产链风险事件频发的关键症结所在。这种小规模分散化的家户式生产经营模式存在的主要缺陷表现为：生产经营集约化程度低、风险认知与治理能力弱、生产技术含量低安全难保证、农资品质和使用安全没有保障、过度追求生产低成本加剧安全隐患、违规追溯和有效监管困难、造成市场的匿名性并导致声誉约束机制失效等。这就使得风险顺势下传成了食品供应链成员的优先选择。因此，食品这种分散生产经营模式导致个体治理、政府监管和责任追溯困难是食品质量安全风险生成并易于传导的重要系统内因。

（9）消费偏好诱导。研究表明，在科学便利的食品检测手段缺失的情况下，人们判别食品品质的标准和方式依赖于传统的已固化的消费观念、准则、习惯和思维定式，并最终决定其购买行为。然而，现代食品生产中，各种农兽药、化肥、添加剂的使用以及反季食品的出现，早已改变了食品的某些外观甚至性质，但人们的消费偏好并未相应改变，依然固守着对传统色、味、形等食品感知特性的执着追求。消费者出现感知偏差的主因在于对现阶段食品市场供给的新特点缺乏正确认知，判断标准走偏，过度依赖习惯和质量信息可能失真的产品标签。传统的消费偏好和认知偏见存在被他人利用的可能，会在一定程度上从需求的层面引诱供应链上各级生产者偏离伦理去实施败德行为以迎合消费者的需求偏好，如为千方百计地投其所好，有些供应商甚至不惜滥用添加剂或使用违禁物等损害消费者健康。另外，由于现代生活和工作节奏的加快以及生活方式的转变，人们越来越多选择在外进餐，通常问题食材经过烹饪加工后其形状和色味的改变往往匿藏了食品质量的不安全信息而更易满足消费者的偏好。无疑，食品各级生产经营者极力追求满足人们传统消费偏好和现代生活方式转变的动机，势必加剧食品质量安全风险在供应链中的累积和传播。

2. 供应链视角下食品质量安全风险传导动因的结构模型

这里将继续利用解释结构模型化（ISM）技术，建立供应链视角下的食品质量安全风险传导关键动因的层级结构模型。

（1）建立风险传导动因之间的二元关系矩阵。

二元关系矩阵是一个表示变量（如风险传导动因 i 和 j）之间两两关系的矩阵，矩阵中（i, j）条目用符号 V、A 和 X 来标识风险要素之间的关系方向。其中"V"表示风险行要素 i 直接影响到列要素 j；"A"表示风险列要素 j 对行要素 i 有直接影响，或称 i 被 j 直接影响；"X"表示要素 i 和要素 j 彼此相互影响；"—"则表示变量 i 和 j 之间相互没有直接影响关系。基于各风险传导动因变量的内在联系，根据大量文献挖掘和实地调研（选取典型食品生产者和消费者进行了面对面交流），并结合专家判定及反复征询修正（多次征询国家海洋食品工程技术研究中心团队核心专家的意见和建议），可得出表 3－6。

表 3－6　供应链视角下食品质量安全风险传导动因的二元关系矩阵

传导动因	(0)	(1)	(2)	(3)	(4)	(5)	(6)	(7)	(8)	(9)
食品质量风险传导（0）	—	—	A		A	A				
隐蔽性强（1）	—	—	V	V		V				
认知能力不足（2）	V	A	—					X		
信息不对称（3）	—	A		—	V			V		V
投机败德行为（4）	V			A	—	A		A	A	A
治理成本高能力弱（5）	V	A			V	—			A	
标准体系不健全（6）	—						—	V		V
政府监管失效（7）	—	—	X	A	V		A	—	A	
生产组织模式缺陷（8）					V	V		V	—	
消费偏好诱导（9）	—	—		A	V		A			—

（2）建立邻接矩阵和可达矩阵。

根据前面二元关系矩阵建立供应链视角下食品质量安全风险要素的邻接矩阵 A 见表 3 - 7。

表 3 - 7　　供应链视角下食品质量安全风险传导动因的邻接矩阵 A

传导动因	(0)	(1)	(2)	(3)	(4)	(5)	(6)	(7)	(8)	(9)
食品质量风险传导（0）	0	0	0	0	0	0	0	0	0	0
隐蔽性强（1）	0	0	1	1	0	1	0	0	0	0
认知能力不足（2）	1	0	0	0	0	0	0	1	0	0
信息不对称（3）	0	0	0	0	1	0	0	1	0	1
投机败德行为（4）	1	0	0	0	0	0	0	0	0	0
治理成本高能力弱（5）	1	0	0	0	1	0	0	0	0	0
标准体系不健全（6）	0	0	0	0	0	0	0	1	0	1
政府监管失效（7）	0	0	1	0	0	0	0	0	0	0
生产组织模式缺陷（8）	0	0	0	0	1	1	0	1	0	0
消费偏好诱导（9）	0	0	0	0	1	0	0	0	0	0

根据前面的邻接矩阵 A，运用布尔代数的运算规则，即 $0+0=0$，$0+1=1+0=1$，$1\times0=0\times1=0\times0=0$，$1+1=1$，$1\times1=1$，经计算可知 $(A+I)^2\neq(A+I)^3=(A+I)^4$，于是求得可达矩阵为 $M=(A+I)^r=(A+I)^3$，具体见表 3 - 8。

表 3 - 8　　供应链视角下食品质量安全风险传导动因的可达矩阵 M

动因序号	(0)	(1)	(2)	(3)	(4)	(5)	(6)	(7)	(8)	(9)
(0)	1	0	0	0	0	0	0	0	0	0
(1)	1	1	1	1	1	1	0	1	0	1
(2)	1	0	1	0	1	0	0	1	0	0

动因序号	(0)	(1)	(2)	(3)	(4)	(5)	(6)	(7)	(8)	(9)
(3)	1	0	1	1	1	0	0	1	0	1
(4)	1	0	0	0	1	0	0	0	0	0
(5)	1	0	0	0	1	1	0	0	0	0
(6)	1	0	1	0	1	0	1	1	0	1
(7)	1	0	1	0	1	0	0	1	0	0
(8)	1	0	1	0	1	1	0	1	1	0
(9)	1	0	0	0	1	0	0	0	0	1

（3）等级划分。

根据要素级位划分的思想，将前面得到的可达矩阵（见表 3-8）中要素进行级位划分。所有风险传导影响要素的可达集和先行集可从 M 中得到，进而得到二者的共同集。若可达集和共同集相同，则该要素被认为属于第 Ⅰ 等级，同时被放在 ISM 等级中最高的位置，该要素对处于其等级之下的其他要素强弱不产生影响。在第一次迭代之后，去掉被归类为等级 Ⅰ 的要素，迭代程序再对剩余的要素集进行重复来确定等级 Ⅱ 的要素。依次类推，直到每一个要素的等级被确定下来。该算法迭代过程和风险传导动因的分级结果见表 3-9。

表 3-9　供应链视角下食品质量安全风险传导动因分级的迭代过程与结果

风险传导动因集合	先行集	可达集	共同集	等级
食品质量风险传导（0）	0, 1, 2, 3, 4, 5, 6, 7, 8, 9	0	0	Ⅰ
隐蔽性强（1）	1	0, 1, 2, 3, 4, 5, 7, 9	1	
认知能力不足（2）	1, 2, 3, 6, 7, 8	0, 2, 4, 7	2, 7	

风险传导动因集合	先行集	可达集	共同集	等级
信息不对称（3）	1，3	0，2，3，4，7，9	3	
投机败德行为（4）	1，2，3，4，5，6，7，8，9	0，4	4	
治理成本高能力弱（5）	1，5，8	0，4，5	5	
标准体系不健全（6）	6	0，2，4，6，7，9	6	
政府监管失效（7）	1，2，3，6，7，8	0，2，4，7	2，7	
生产组织模式缺陷（8）	8	0，2，4，5，7，8	8	
消费偏好诱导（9）	1，3，6，9	0，4，9	9	
隐蔽性强（1）	1	1，2，3，4，5，7，9	1	
认知能力不足（2）	1，2，3，6，7，8	2，4，7	2，7	
信息不对称（3）	1，3	2，3，4，7，9	3	
投机败德行为（4）	1，2，3，4，5，6，7，8，9	4	4	Ⅱ
治理成本高能力弱（5）	1，5，8	4，5	5	
标准体系不健全（6）	6	2，4，6，7，9	6	
政府监管失效（7）	1，2，3，6，7，8	2，4，7	2，7	
生产组织模式缺陷（8）	8	2，4，5，7，8	8	
消费偏好诱导（9）	1，3，6，9	4，9	9	
隐蔽性强（1）	1	1，2，3，5，7，9	1	
认知能力不足（2）	1，2，3，6，7，8	2，7	2，7	Ⅲ
信息不对称（3）	1，3	2，3，7，9	3	
治理成本高能力弱（5）	1，5，8	5	5	Ⅲ
标准体系不健全（6）	6	2，6，7，9	6	
政府监管失效（7）	1，2，3，6，7，8	2，7	2，7	Ⅲ
生产组织模式缺陷（8）	8	2，5，7，8	8	
消费偏好诱导（9）	1，3，6，9	9	9	Ⅲ

风险传导动因集合	先行集	可达集	共同集	等级
隐蔽性强（1）	1	1，3	1	
信息不对称（3）	1，3	3	3	IV
标准体系不健全（6）	6	6	6	IV
生产组织模式缺陷（8）	8	8	8	IV
隐蔽性强（1）	1	1	1	V

（4）提取骨架矩阵。

根据表3－9结果，对经过级位划分后的可达矩阵 $M(L)$ 进行缩约和检出，即可得到其骨架矩阵 A' 如表3－10所示。

表3－10　　　　　　　可达矩阵 $M(L)$ 的骨架矩阵 A'

动因序号	（0）	（4）	（5）	（7）	（9）	（3）	（6）	（8）	（1）
（0）	0	0	0	0	0	0	0	0	0
（4）	1	0	0	0	0	0	0	0	0
（5）	0	1	0	0	0	0	0	0	0
（7）	0	1	0	0	0	0	0	0	0
（9）	0	1	0	0	0	0	0	0	0
（3）	0	0	0	1	1	0	0	0	0
（6）	0	0	0	1	1	0	0	0	0
（8）	0	0	1	1	0	0	0	0	0
（1）	0	0	1	0	0	1	0	0	0

（5）结构模型。

这里主要根据表3－10求得的骨架矩阵 A'，并兼顾考虑邻接矩阵 A 中的重要二元关系，可以建立供应链环境下食品质量安全风险传导动因系统的五级递阶结构模型如图 3 - 3 所示。

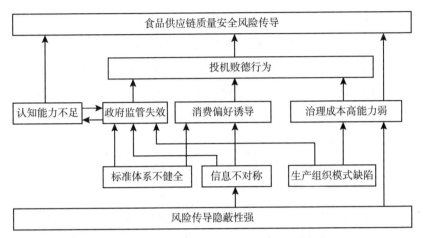

图 3 - 3　食品供应链质量安全风险传导动因的递阶结构模型

3. 模型分析

从图 3 -3 中可以看出，整个结构模型包括一个食品供应链质量安全风险传导的结果因素和九个诱发风险传导的动因，共分为五个层次等级。供应链环境下食品质量安全风险传导作为风险动因的影响结果，处于结构模型最高的第一层级，是整个风险传导的汇点，其受到经营者投机败德行为、风险认知能力不足和风险治理成本高能力弱三个因素的直接影响，这三因素就构成了诱发风险传导的最直接动因，同时它还受到其他六个风险传导动因的间接影响。表明食品质量安全风险传导是整个食品供应链上各种风险传导动因经过层层递进影响、不断累积以及耦合突变后形成的综合作用结果。

经营者投机败德行为处于结构模型的第二层级，对食品质量安全风险传导具有最直接的正向、高频率影响，同时还反受风险认知能力不足、政府监管失效、消费偏好诱导和风险治理成本高能力弱四个因素的直接作用，以及质量标准体系不健全、风险信息不对称、食品生产组织模式缺陷和风险演变隐蔽性强四个动因的间接影响。其风险诱导能量来源包括该风险动因本身生成的动能和第三层次风险动因传递过来的风险动能两方面。表明该因素既是食品质量安全风险在食品供应链上传导的直接动因，又是其他风险诱因累积、传递、耦合以及综合作用的产物，具有推动食品供应链质量安全风险持续传导的巨大内生能量，是诱发整个食品链上质量安全风险生成和传递的重灾区。

对食品质量安全风险认知能力不足、政府监管失效、消费偏好诱导、风险治理成本高防控能力弱四个动因同处于结构模型的第三层级，对投机败德行为和食品质量安全风险传导具有较直接的正向影响，其中认知能力不足和政府监管失效在诱发风险传导过程中相互促动、互相加强。食品经营者通常面临着风险治理成本高与自身防控风险能力低下的双重困境，这无疑为其借机暗地采取传播转移风险的败德行为找到了似乎可同情的直接理由。实践表明，政府部门的监管失效是导致食品经营者产生投机败德动机和行为的最关键最直接因素。该层四个风险传导动因在整个供应链上食品质量安全风险传导中起到了重要的承上启下作用，其风险传导动能直接受到第四层级动因的影响而不断得到强化。

食品质量安全标准体系不健全、风险信息不对称、生产组织模式存在缺陷三个因素并行处于结构模型的第四层级，主观上构成了食品链质量安全风险传导的内在源头动因，对系统整体风险传导具有较强的基础性支撑作用，并对第三层级各风险传导动因的形成具有直接影响，同时还对投机败德行为和整条链上食品质量安全风险传导具有直接或间接的重要影响。特别是第四层级三个因素对政府监管失效均具有直接推动力，信息不对称对政府监管失效和消费偏好诱导因素都有直接影响，而食品生产组织模式缺陷同时直接影响着政府监管失效和风险治理成本高能力弱两大因素。可见，第四层次上风险传导三个动因是食品供应链质量安全风险传导的第一主观性内生根源，对整个供应链上的食品质量安全风险传导具有极强的驱动力，其源头性和基础性特征更加显著。进一步分析显示，隐蔽性强处于食品供应链质量安全风险传导动因系统结构模型的最低层级，是整个食品链上诱发风险传导的源点。表明食品质量安全风险及其传导的隐蔽性作用于食品供应链的整个运行过程，对风险的信息不对称、治理成本高防控能力弱和认知能力不足均具有直接显著的正向驱动作用，同时对其他多数风险传导动因存在很强的间接影响。这也说明了隐蔽性强这一动因对我国目前供应链环境下食品质量安全风险传导具有重要的基础性和客观上的多层复合影响作用。

4. 小结

本节主要结论包括：提出并深入分析了诱发供应链环境下食品质量安全风险传导的九大动因。利用 ISM 技术，建立了供应链环境下食品质量安全风险传导动因的递阶结构模型，进而明晰了各种关键风险传导动因之间相互影响的等级层次关系。

揭示了诱发食品质量安全风险在供应链上进行传导的最直接动因，包括经营者投机败德行为、风险认知能力不足和治理成本高能力弱三个因素；最根本动因包括质量标准体系不健全、信息不对称、生产组织模式缺陷和隐蔽性强四个因素。同时还可以识别出各诱发动因对食品质量安全风险传导后果影响的多条作用路径，如"风险传导隐蔽性强→信息不对称→政府监管失效→投机败德行为→风险传导结果"就是其中的一条，通过这些作用路径，可以清楚看出各风险传导动因是如何影响和诱发供应链环境下食品质量安全风险传导的。管控风险的关键就是要阻断风险的传导，而阻断风险传导的实质就是要切断风险动因的作用路径。

3.3　食品质量安全风险传导效应

通过对多年食品质量安全事件的跟踪分析发现，有害食品添加剂的使用是导致食品质量安全事件发生的一个重要原因。陈思等（2015）通过问卷调查研究认为，尽管公众对食品添加剂有较高的风险认知，但大多数的受访者仍存在概念误区，比如将三聚氰胺等违法添加物视为食品添加剂。厉曙光等（2014）研究了我国2004～2012年经媒体曝光的食品安全事件的发生特点及趋势，指出近1/3的食品安全事件是由于违反食品添加剂管理规定所引起。刘等（Liu et al.，2016）利用问卷调查数据对影响食品供应链风险管理现状的因素进行了因子分析，构建了一个食品供应链风险管理情境评价模型，其研究表明，制度因素是食品供应链风险管理中最有影响的因素。简惠云等（2016）以批发价契约与回购契约为例，比较了风险规避型供应链分别采取斯塔克尔伯格（Stackelberg）博弈和纳什（Nash）讨价还价博弈时的最优化决策，探讨了供应链主导方应如何根据合作伙伴的风险规避水平选择契约与博弈机制。作为一种衡量风险大小的方法，弹性系数法也被运用到了食品质量安全风险传导研究，并取得了一些成果（陈剑辉等，2007；刘家国，2011；李永红等，2011；K. Das et al.，2015）。

现有对食品供应链上各行为主体的研究，大多倾向于以价格、产量或者各行为主体所获收益作为风险传导中分析的重点，而对食品质量安全风险的内在影响因素分析较少。斯塔克尔伯格博弈模型反映了由核心企业主导的企业间不对称的竞争，在实际的食品供应链中，食品生产商一般处于核心地位，上游的原材料供应商以其原材料需求量来制定产量，下游的食品经销商以其食品生产量来制订销售计划，食品经销商、食品生产商和原材料供应商之间的竞争关系就十分类似于斯塔克尔伯格博弈竞争模型。为此，本节首先通过经典的斯塔克尔伯格博弈模型得出处于食品供应链中不同环节的行为主体所获得的收益；然后研究食品供应链上的原材料供应商和食品生产商的有害食品添加剂添加博弈对处于供应链中不同环节的行为主体所获得的期望收益的影响；最后通过构造食品供应链中不同环节的行为主体的期望收益有害食品添加剂弹性系数进一步研究有害食品添加剂的添加行为对各行为主体期望收益的影响以及对食品质量安全风险传导的影响。

3.3.1　斯塔克尔伯格博弈模型构建

由于食品供应链中食品经销商、食品生产商和原材料供应商之间的竞争关系适用于斯塔克尔伯格博弈竞争模型，故可假定有这样一个食品供应链，其分别由三个行为主体构成，即上游的原材料供应商（S）、中游的食品生产商（M）以及下游的食品经销商（R）。假定在整个食品供应链上没有库存，即每生产一单位产品都可以及时售卖出去。从而构造出如下食品供应链斯塔克尔伯格博弈模型。

在食品经销商这个节点，由于上游节点企业有害食品添加剂的添加会降低食品的成本，进而会降低食品的售价。假定有害食品添加剂的添加量对食品售价产生的影响是线性的，可以得到：

$$w_r = a - bq - h\theta$$

$$\pi_r = w_r q - w_m q - C_r$$

$$\theta = M_{\theta_2} + S_{\theta_1}$$

在食品生产商这个节点：

$$\pi_m = w_m q - w_s q - C_m$$

$$C_m = C_{m0} - \mu M_{\theta_2}$$

在食品原材料供应商这个节点：

$$\pi_s = w_s q - C_s$$

$$C_s = C_{s0} - \beta S_{\theta_1}$$

其中，w_r 是食品经销商出售食品给消费者的价格，w_m 是食品生产商出售食品给食品经销商的价格，w_s 是原材料供应商给食品生产商提供原材料的价格。π_r、π_m、π_s 分别是食品经销商、食品生产商和原材料供应商所获得的收益。C_r、C_m、C_s 分别是食品经销商的销售成本、食品生产商的制造成本和原材料供应商的原材料生产成本，其中 C_m 是食品生产商成本中除去原材料成本的部分。C_{m0}、C_{s0} 是食品生产商和原材料供应商未添加有害食品添加剂时的成本。在实际的生产中，大多数情况下食品生产商的成本要高于原材料供应商的成本，并且食品生产商的成本要远高于食品经销商的销售成本，因此可以假定 $C_m > C_s$，$C_m > 2C_r$。θ 是在售食品中总的有害食品添加剂添加量，S_{θ_1} 是在原材料供应商这个节点的有害食品添加剂添加量，M_{θ_2} 是在食品生产商这个节点的有害食品添加剂添加量。h 是总的有害食品添加剂添加量对市场上的食品价格敏感系数，β 是在原材料供应商节点的原材料生产成本对有害食品添加剂添加量的敏感系数，μ 是在食品生产商节点的食品制造成本对有害食品添加剂添加量的敏感系数，q 是市场上的食品需求量，a 为市场上可接受的最高产品价格，b 为价格敏感系数。

经过计算可以得到在食品供应链斯塔克尔伯格博弈条件下，食品经销商、食品生产商和原材料供应商可以获得的最优收益分别为：

$$\pi_r = \frac{1}{64} \left[a - h(S_{\theta_1} + M_{\theta_2}) \right]^2 - C_r \qquad (3-1)$$

$$\pi_m = \frac{1}{32} \left[a - h(S_{\theta_1} + M_{\theta_2}) \right]^2 - C_{m0} + \mu M_{\theta_2} \qquad (3-2)$$

$$\pi_s = \frac{1}{16} \left[a - h(S_{\theta_1} + M_{\theta_2}) \right]^2 - C_{s0} + \beta S_{\theta_1} \qquad (3-3)$$

3.3.2　基于有害食品添加剂的食品生产商和原材料供应商博弈模型构建

在实际的生产中可以发现，有害食品添加剂的添加多集中于原材料供应环节和食品生产环节，为研究有害添加剂添加量如何对这两个环节的行为主体产生影响，构建了食品生产商和原材料供应商博弈模型。在这个模型中假定对于有害食品添加剂，食品生产商和原材料供应商都有两个选择：不添加有害食品添加剂或者添加一定数量的有害食品添加剂。假定原材料供应商和食品生产商的有害食品添加剂添加行为是相互独立的，于是可构造以下算式：

$$S_{\theta_1} = \begin{cases} \theta_1, & \theta_1 > 0 \\ 0, & \theta_1 < 0 \end{cases} \qquad (3-4)$$

$$M_{\theta_2} = \begin{cases} \theta_2, & \theta_2 > 0 \\ 0, & \theta_2 < 0 \end{cases} \qquad (3-5)$$

其中，θ_1、θ_2 分别为原材料供应商和食品生产商的有害食品添加剂添加量。

从原材料供应商的角度来看，如果原材料供应商添加了 θ_1 的有害食品添加剂，同时食品生产商添加了 θ_2 的有害食品添加剂，原材料供应商可以获得的收益为 $\pi_{s(\theta_1, \theta_2)}$；如果原材料供应商添加了 θ_1 的有害食品添加剂，同时食品生产商未添加有害食品添加剂，原材料供应商可以获得的收益为 $\pi_{s(\theta_1, 0)}$；如果原材料供应商未添加有害食品添加剂，而同时食品生产商添加了 θ_2 的有害食品添加剂，原材料供应商可以获得的收益为 $\pi_{s(0, \theta_2)}$；如果两者都未添加有害食品添加剂，则原材料供应商可以获得的收益为 $\pi_{s(0,0)}$。

从食品生产商的角度来看，如果食品生产商添加了 θ_2 的有害食品添加剂，同时原材料供应商添加了 θ_1 的有害食品添加剂，食品生产商可以获得的收益为 $\pi_{m(\theta_1,\theta_2)}$；如果食品生产商添加了 θ_2 的有害食品添加剂，同时原材料供应商未添加有害添加剂，食品生产商可以获得的收益为 $\pi_{m(0,\theta_2)}$；如果食品生产商未添加有害食品添加剂，而同时原材料供应商添加了 θ_1 的有害食品添加剂，食品生产商可以获得的收益为 $\pi_{m(\theta_1,0)}$；如果两者都未添加有害食品添加剂，则食品生产商可以获得的收益为 $\pi_{m(0,0)}$。

于是可构造基于有害食品添加剂的食品生产商和原材料供应商博弈模型如表 3 – 11 所示。

表 3 – 11　　　　基于有害食品添加剂添加量的食品生产商

和原材料供应商博弈模型

厂商选择		食品生产商	
		添加 θ_2（MT）	不添加（MN）
原材料供应商	添加 θ_1（ST）	$\pi_{s(\theta_1,\theta_2)}$，$\pi_{m(\theta_1,\theta_2)}$	$\pi_{s(\theta_1,0)}$，$\pi_{m(\theta_1,0)}$
	不添加（SN）	$\pi_{s(0,\theta_2)}$，$\pi_{m(0,\theta_2)}$	$\pi_{s(0,0)}$，$\pi_{m(0,0)}$

将式（3 – 4）、式（3 – 5）代入式（3 – 1）、式（3 – 2）、式（3 – 3）中可以得到：

$$\pi_{s(0,0)} = \frac{1}{16}a^2 - C_{s0}$$

$$\pi_{s(\theta_1,0)} = \frac{1}{16}(a - h\theta_1)^2 - C_{s0} + \beta\theta_1$$

$$\pi_{s(0,\theta_2)} = \frac{1}{16}(a - h\theta_2)^2 - C_{s0}$$

$$\pi_{s(\theta_1,\theta_2)} = \frac{1}{16}\left[a - h(\theta_1 + \theta_2)\right]^2 - C_{s0} + \beta\theta_1$$

$$\pi_{m(0,0)} = \frac{1}{32}a^2 - C_{m0}$$

$$\pi_{m(\theta_1,0)} = \frac{1}{32}(a - h\theta_1)^2 - C_{m0}$$

$$\pi_{m(0,\theta_2)} = \frac{1}{32}(a - h\theta_2)^2 - C_{m0} + \mu\theta_2$$

$$\pi_{m(\theta_1,\theta_2)} = \frac{1}{32}\left[a - h(\theta_1 + \theta_2)\right]^2 - C_{m0} + \mu\theta_2$$

$$\pi_{r(0,0)} = \frac{1}{64}a^2 - C_r$$

$$\pi_{r(\theta_1,0)} = \frac{1}{64}(a - h\theta_1)^2 - C_r$$

$$\pi_{r(0,\theta_2)} = \frac{1}{64}(a - h\theta_2)^2 - C_r$$

$$\pi_{r(\theta_1,\theta_2)} = \frac{1}{64}\left[a - h(\theta_1 + \theta_2)\right]^2 - C_r$$

假定原材料供应商添加 θ_1 的有害食品添加剂的概率为 x，则其不添加有害食品添加剂的概率为 $1 - x$。食品生产商添加 θ_2 的有害食品添加剂的概率为 y，则其不添加有害食品添加剂的概率为 $1 - y$。根据相关博弈理论可以发现：

当原材料供应商添加 θ_1 的有害食品添加剂时可以获得的期望收益为：

$$E_{ST} = y\pi_{s(\theta_1,\theta_2)} + (1 - y)\pi_{s(\theta_1,0)}$$

当原材料供应商不添加有害食品添加剂时可以获得的期望收益为：

$$E_{SN} = y\pi_{s(0,\theta_2)} + (1 - y)\pi_{s(\theta_1,\theta_2)}$$

因此，原材料供应商可以获得的总的期望收益为：

$$E_S = xE_{ST} + (1 - x)E_N$$

$$= \frac{1}{16}a^2 - C_{S0} + x\left(\frac{1}{16}h^2\theta_1^2 - \frac{1}{8}ah\theta_1 + \beta\theta_1\right)$$

$$+ y\left(\frac{1}{16}h^2\theta_2^2 - \frac{1}{8}ah\theta_2\right) + \frac{1}{8}xyh^2\theta_1\theta_2$$

同理，当食品生产商添加 θ_2 的有害食品添加剂时可以获得的期望收益为：

$$E_{MT} = x\pi_{m(\theta_1,\theta_2)} + (1-x)\pi_{m(0,\theta_2)}$$

当食品生产商不添加有害食品添加剂时可以获得的期望收益为：

$$E_{MN} = x\pi_{m(\theta_1,0)} + (1-x)\pi_{m(0,0)}$$

因此，食品生产商可以获得的总的期望收益为：

$$
\begin{aligned}
E_M &= yE_{MT} + (1-y)E_{MN} \\
&= \frac{1}{32}a^2 - C_{m0} + y\left(\frac{1}{32}h^2\theta_2^2 - \frac{1}{16}ah\theta_2 + \mu\theta_2\right) \\
&\quad + x\left(\frac{1}{32}h^2\theta_1^2 - \frac{1}{16}ah\theta_1\right) + \frac{1}{16}xyh^2\theta_1\theta_2
\end{aligned}
$$

同理，可以求得食品经销商的期望收益为：

$$
\begin{aligned}
E_R &= xy\pi_{r(\theta_1,\theta_2)} + x(1-y)\pi_{r(\theta_1,0)} + (1-x)y\pi_{r(0,\theta_2)} \\
&\quad + (1-x)(1-y)\pi_{r(0,0)} \\
&= \frac{1}{64}a^2 + x\left(\frac{1}{64}h^2\theta_1^2 - \frac{1}{32}ah\theta_1\right) + y\left(\frac{1}{64}h^2\theta_2^2 - \frac{1}{32}ah\theta_2\right) \\
&\quad + \frac{1}{32}xyh^2\theta_1\theta_2 - C_r
\end{aligned}
$$

3.3.3　弹性系数模型的构建

假设在食品供应链上、下游节点治理质量安全风险水平不变的条件下，节点企业因添加有害食品添加剂而使整个食品供应链生成的质量安全风险量与传导量成正向变化。为此，这里将以食品添加剂数量为基础构造出期望收益弹性系数来替代风险传导量，进而表征食品供应链质量安全风险传导效应的强弱。

这里定义期望收益弹性系数为有害食品添加剂添加量每变动1%所引起的食品供应链各行为主体所获期望收益的百分比变动量。即

$$S_{E\theta} = \frac{\theta}{E}\frac{\partial E}{\partial \theta}$$

其表示当有害食品添加剂添加量每变动 1% 将会给节点企业的期望收益带来 $S_{E\theta}\%$ 的影响，进而可以将 $S_{E\theta}$ 作为由有害食品添加剂所带来的食品质量安全风险的衡量标准。其中 θ 是指有害食品添加剂添加量，E 是指节点企业所获得的期望效益。我们可以得到以下衡量标准：当 $S_{E\theta} < 1$ 时，表示 θ 增加 1%，E 增加不足 1%。也就是说，在此条件下节点企业的收益增加程度小于其由于添加有害食品添加剂所承受的风险增加程度，这将会对节点企业的有害食品添加剂添加行为产生一定的抑制作用，进而使质量安全风险传导效应减弱；当 $S_{E\theta} > 1$ 时，表示 θ 增加 1%，E 增加超过 1%。也就是说，在此条件下节点企业的收益增加程度大于其由于添加有害食品添加剂所承受的风险增加程度，这将会对节点企业的有害食品添加剂添加行为产生一定的激励作用，进而使质量安全风险传导效应增强；当 $S_{E\theta} = 1$ 时，表示 θ 增加 1%，E 同样增加 1%。也就是说，在此条件下节点企业的收益增加程度等于其由于添加有害食品添加剂所承受的风险的增加程度，质量安全风险传导效应不变。

由于在整个食品供应链中，有害食品添加剂的两个源头：原材料供应商的添加 θ_1 和食品生产商的添加 θ_2 均可以对其自身以及食品供应链上的其他节点产生影响，因而在本书中将分别对 θ_1 和 θ_2 所产生的影响进行研究。

3.3.4　基于原材料供应商有害食品添加剂 θ_1 的质量安全风险传导研究

对于食品经销商，可以构造出食品经销商关于 θ_1 的期望收益弹性系数为

$$S_{E_R\theta_1} = \frac{\theta_1}{E_R}\frac{\partial E_R}{\partial \theta_1} = \frac{2\left[x\theta_1(h^2\theta_1 - ah) + xyh^2\theta_1\theta_2\right]}{x(h^2\theta_1^2 - 2ah\theta_1) + y(h^2\theta_2^2 - 2ah\theta_2) + a^2 + 2xyh^2\theta_1\theta_2 - 64C_r}$$

同样地，构造出食品生产商关于 θ_1 的期望收益弹性系数为：

$$S_{E_M\theta_1} = \frac{\theta_1}{E_M}\frac{\partial E_M}{\partial \theta_1} = \frac{2\left[x\theta_1(h^2\theta_1 - ah) + xyh^2\theta_1\theta_2\right]}{a^2 - 32C_{m0} + 32y\mu\theta_2 + x(h^2\theta_1^2 - 2ah\theta_1)}$$
$$+ y(h^2\theta_2^2 - 2ah\theta_2) + 2xyh^2\theta_1\theta_2$$

同上，对于原材料供应商，构造出原材料供应商关于 θ_1 的期望收益弹性系数为：

$$S_{E_S\theta_1} = \frac{\theta_1}{E_S}\frac{\partial E_S}{\partial \theta_1} = \frac{2\left[x\theta_1(h^2\theta_1 - ah + 8\beta) + xyh^2\theta_1\theta_2\right]}{a^2 - 16C_{s0} + x(h^2\theta_1^2 - 2ah\theta_1 + 16\beta\theta_1)}$$
$$+ y(h^2\theta_2^2 - 2ah\theta_2) + 2xyh^2\theta_1\theta_2$$

命题1：只要原材料供应商在产品中添有害食品添加剂，由于此添加行为将会使食品生产商和食品经销商所获得的收益减小，且当原材料供应商有害食品添加剂添加水平达到一定程度时，其有害添加行为给它带来的收益增加比例要大于其有害添加剂的添加比例，原材料供应商关于 θ_1 的期望收益弹性系数大于1。即无论 θ_1 取何值，

$$S_{E_R\theta_1} < 0,\ S_{E_M\theta_1} < 0 \text{ 总成立；且当 } \theta_1 > \frac{1}{h}\sqrt{\frac{a^2 - yh\theta_2(2a - h\theta_2) - 16C_{s0}}{x}}$$

时，$S_{E_S\theta_1} > 1$ 成立。

证明：$x\theta_1(h^2\theta_1 - ah) + xyh^2\theta_1\theta_2 = xh\theta_1(h\theta_1 + yh\theta_2 - a) < 0$

由 $\pi_r = \frac{1}{64}\left[a - h(S_{\theta_1} + M_{\theta_2})\right]^2 - C_r > 0$ 可以得到

$x(h^2\theta_1^2 - 2ah\theta_1) + y(h^2\theta_2^2 - 2ah\theta_2) + a^2 + 2xyh^2\theta_1\theta_2 - 64C_r > 0$

进而可以得到

$$\frac{2\left[x\theta_1(h^2\theta_1 - ah) + xyh^2\theta_1\theta_2\right]}{x(h^2\theta_1^2 - 2ah\theta_1) + y(h^2\theta_2^2 - 2ah\theta_2) + a^2 + 2xyh^2\theta_1\theta_2 - 64C_r} < 0,\ \text{即}$$

$S_{E_R\theta_1} < 0$。

由 $\pi_m = \frac{1}{32}\left[a - h(S_{\theta_1} + M_{\theta_2})\right]^2 - C_{m0} + \mu M_{\theta_2} > 0$ 可以得到

$a^2 - 32C_{m0} + 32y\mu\theta_2 + x(h^2\theta_1^2 - 2ah\theta_1) + y(h^2\theta_2^2 - 2ah\theta_2) + 2xyh^2\theta_1\theta_2 > 0$

进而可以得到

$$\frac{2\left[x\theta_1\left(h^2\theta_1-ah\right)+xyh^2\theta_1\theta_2\right]}{a^2-32C_{m0}+32y\mu\theta_2+x\left(h^2\theta_1^2-2ah\theta_1\right)+y\left(h^2\theta_2^2-2ah\theta_2\right)+2xyh^2\theta_1\theta_2}<0,\quad\text{即}\ S_{E_M\theta_1}<0\,\text{。}$$

若令 $S_{E_S\theta_1}>1$，则需下式成立

$$\frac{2\left[x\theta_1\left(h^2\theta_1-ah+8\beta\right)+xyh^2\theta_1\theta_2\right]}{a^2-16C_{s0}+x\left(h^2\theta_1^2-2ah\theta_1+16\beta_1\right)+y\left(h^2\theta_2^2-2ah\theta_2\right)+2xyh^2\theta_1\theta_2}>1$$

即需

$$\theta_1>\frac{1}{h}\sqrt{\frac{a^2-yh\theta_2\left(2a-h\theta_2\right)-16C_{s0}}{x}}$$

也就是说当 $\theta_1>\dfrac{1}{h}\sqrt{\dfrac{a^2-yh\theta_2\left(2a-h\theta_2\right)-16C_{s0}}{x}}$ 时，$S_{E_S\theta_1}>1$ 成立。

证毕。

通过对命题 1 进行分析，我们可以发现无论 θ_1 取何值，$S_{E_R\theta_1}<0$，$S_{E_M\theta_1}<0$ 总成立；并且当 $\theta_1>\dfrac{1}{h}\sqrt{\dfrac{a^2-yh\theta_2\left(2a-h\theta_2\right)-16C_{s0}}{x}}$ 时，$S_{E_S\theta_1}>1$ 成立。

也就是说，只要原材料供应商在产品中添有害食品添加剂，由于此添加行为将会使食品生产商和食品经销商所获得的收益减小，并且当原材料供应商有害食品添加剂添加水平达到一定程度时，其有害添加行为给其带来的收益增加比例要大于其有害添加剂的添加比例，其关于 θ_1 的期望收益弹性系数大于 1。在食品经销商这个节点，在其销售成本和食品产品进货价格不变的情况下，由于原材料供应商添加有害食品添加剂引起的食品销售量下降会使其所获收益减少；再者，消费者购买并发现含有有害食品添加剂的食品后，会向食品经销商进行维权，这又会给食品经销商增加一定的成本，进而使食品经销商的收益进一步减少。因此，在这种情况下，原材料

供应商的有害添加剂添加行为对食品经销商来讲是不利的，其会通过拒绝进货、对上游企业进行违约罚款等方式抵制这种行为，从而使食品经销商这个节点的食品质量安全风险传导效应减弱。在食品制造商这个节点，情况类似，在其制造成本和原材料收购价格不变的情况下，由于原材料供应商添加有害食品添加剂引起的食品销售量下降会使其所获收益减少；再者，在消费者向食品经销商进行维权的情况下，食品经销商会向其上游的食品生产商进行问询以及要求其做相应的质量检验，这也将会给食品生产商带来一定的成本，使食品生产商的收益也进一步减小。因此，在这种情况下，原材料供应商的有害添加剂添加行为对食品生产商来讲是不利的，其会通过更换原材料供应商、拒付货款等手段对这种行为进行抵制，从而使食品生产商这个节点的食品质量安全风险传导效应减弱。在原材料供应商这个节点，其由于添加了有害食品添加剂会使其成本降低，使其所获收益增加，虽然其同样面临着其下游食品生产商的抵制以及处罚风险，但在命题1的条件下，其添加有害食品添加剂给自己所带来的收益增加幅度要大于其所承受的风险增加程度，因而对其来讲，添加有害食品添加剂是有利的，这样就增加了其有害食品添加剂添加的行为倾向，进而使此节点的食品质量安全风险传导效应增强。

3.3.5 基于食品生产商有害添加剂 θ_2 的质量安全风险传导研究

对于食品经销商，可以构造出食品经销商关于 θ_2 的期望收益弹性系数为：

$$S_{E_R\theta_2} = \frac{\theta_2}{E_R}\frac{\partial E_R}{\partial \theta_2} = \frac{2\left[y\theta_2(h^2\theta_2 - ah) + xyh^2\theta_1\theta_2\right]}{\begin{aligned}&x(h^2\theta_1^2 - 2ah\theta_1) + y(h^2\theta_2^2 - 2ah\theta_2)\\&+ a^2 + 2xyh^2\theta_1\theta_2 - 64C_r\end{aligned}}$$

同样地，对于食品生产商，可以构造出食品生产商关于 θ_2 的期望收益弹性系数为：

$$S_{E_M\theta_2} = \frac{\theta_2}{E_M} \frac{\partial E_M}{\partial \theta_2} = \frac{2[y\theta_2(h^2\theta_2 - ah + 16\mu) + xyh^2\theta_1\theta_2]}{a^2 - 32C_{m0} + 32y\mu\theta_2 + x(h^2\theta_1^2 - 2ah\theta_1)} \\ + y(h^2\theta_2^2 - 2ah\theta_2) + 2xyh^2\theta_1\theta_2$$

同上，对于原材料供应商，可以构造出原材料供应商关于 θ_2 的期望收益弹性系数为：

$$S_{E_S\theta_2} = \frac{\theta_2}{E_S} \frac{\partial E_S}{\partial \theta_2} = \frac{2[y\theta_2(h^2\theta_2 - ah) + xyh^2\theta_1\theta_2]}{a^2 - 16C_{s0} + x(h^2\theta_1^2 - 2ah\theta_1 + 16\beta\theta_1)} \\ + y(h^2\theta_2^2 - 2ah\theta_2) + 2xyh^2\theta_1\theta_2$$

命题 2：食品生产商在产品中添加有害食品添加剂时，由于此添加行为将会使原材料供应商和食品经销商所获得的收益减小。当食品生产商的有害食品添加剂添加水平达到一定程度时，其有害添加行为给它带来的收益增加比例要大于其有害添加剂的添加比例，其关于 θ_2 的期望收益弹性系数大于 1。即无论 θ_2 取何值，$S_{E_R\theta_2} < 0$ 和 $S_{E_S\theta_2} < 0$ 总成立，且当 $\theta_2 > \frac{1}{h}\sqrt{\dfrac{a^2 - xh\theta_1(2a - h\theta_1) - 32C_{m0}}{y}}$ 时，$S_{E_M\theta_2} > 1$ 成立。

证明：$y\theta_2(h^2\theta_2 - ah) + xyh^2\theta_1\theta_2 = yh\theta_2(h\theta_2 + xh\theta_1 - a) < 0$

由 $\pi_r = \frac{1}{64}[a - h(S_{\theta_1} + M_{\theta_2})]^2 - C_r > 0$ 可以得到

$$x(h^2\theta_1^2 - 2ah\theta_1) + y(h^2\theta_2^2 - 2ah\theta_2) + a^2 + 2xyh^2\theta_1\theta_2 - 64C_r > 0$$

进而可以得到 $\dfrac{2[y\theta_2(h^2\theta_2 - ah) + xyh^2\theta_1\theta_2]}{x(h^2\theta_1^2 - 2ah\theta_1) + y(h^2\theta_2^2 - 2ah\theta_2)} < 0$，即 $S_{E_R\theta_2} < 0$
$$+ a^2 + 2xyh^2\theta_1\theta_2 - 64C_r$$

由 $\pi_s = \frac{1}{16}[a - h(S_{\theta_1} + M_{\theta_2})]^2 - C_{s0} + \beta S_{\theta_1} > 0$ 可以得到

$$a^2 - 16C_{s0} + x(h^2\theta_1^2 - 2ah\theta_1 + 16\beta\theta_1) + y(h^2\theta_2^2 - 2ah\theta_2) + 2xyh^2\theta_1\theta_2 > 0$$

进而可以得到 $\dfrac{2\left[y\theta_2(h^2\theta_2-ah)+xyh^2\theta_1\theta_2\right]}{a^2-16C_{s0}+x(h^2\theta_1^2-2ah\theta_1+16\beta\theta_1)}<0$，即 $S_{E_S\theta_2}<0$。
$$\qquad\qquad +y(h^2\theta_2^2-2ah\theta_2)+2xyh^2\theta_1\theta_2$$

若令 $S_{E_M\theta_2}>1$，则需下式成立

$$\frac{2\left[y\theta_2(h^2\theta_2-ah+16\mu)+xyh^2\theta_1\theta_2\right]}{a^2-32C_{m0}+x(h^2\theta_1^2-2ah\theta_1)+y(h^2\theta_2^2-2ah\theta_2)+2xyh^2\theta_1\theta_2}>1$$

即需

$$\theta_2>\frac{1}{h}\sqrt{\frac{a^2-xh\theta_1(2a-h\theta_1)-32C_{m0}}{y}}$$

即当 $\theta_2>\dfrac{1}{h}\sqrt{\dfrac{a^2-xh\theta_1(2a-h\theta_1)-32C_{m0}}{y}}$ 时，可以使 $S_{E_M\theta_2}>1$ 成立。

证毕。

通过对命题 2 进行分析，我们可以发现无论 θ_2 取何值，$S_{E_R\theta_2}<0$ 和 $S_{E_S\theta_2}<0$ 总成立，并且当 $\theta_2>\dfrac{1}{h}\sqrt{\dfrac{a^2-xh\theta_1(2a-h\theta_1)-32C_{m0}}{y}}$ 时，$S_{E_M\theta_2}>1$ 成立。

也就是说，食品生产商在产品中添加有害食品添加剂时，由于此添加行为将会使原材料供应商和食品经销商所获得的收益减小，当食品生产商的有害食品添加剂添加水平达到一定程度时，其有害添加行为给其带来的收益增加比例要大于其有害添加剂的添加比例，其关于 θ_2 的期望收益弹性系数大于 1。就食品经销商而言，在其销售成本和食品产品进货价格不变的情况下，由于食品生产商添加有害食品添加剂引起的食品销售量下降会使其所获收益减少；再者，消费者购买并发现含有有害食品添加剂的食品后，会向食品经销商进行维权，这又会给食品经销商带来一定的成本，进而使食品经销商的收益进一步减少。因此，在这种情况下，食品生产商的有害添加剂添加行为对食品经销商来讲是不利的，其会通过拒绝进

货、对上游食品生产商进行违约罚款等方式抵制这种行为，从而使食品经销商这个节点的食品质量安全风险传导效应减弱。在食品生产商这个环节，其由于添加了有害食品添加剂会使其制造成本降低、所获收益增加，虽然同样面临着其上游食品经销商的抵制以及处罚风险，但在命题 2 的条件下，添加有害食品添加剂给自己所带来的收益增加幅度大于其所承受的风险增加程度，因而对其来讲，添加有害食品添加剂是有利的，这样就增加了其有害食品添加剂添加的行为倾向，进而使此节点的食品质量安全风险传导效应增强。就原材料供应商这个节点而言，在食品生产商向其购买原材料的价格及其单位原材料采集成本不变的情况下，由于食品生产商的有害食品添加剂添加行为所导致的食品销售量的降低会使其所获收益减少，这将会对其产生不利影响，在这种情况下原材料供应商会通过停止原材料供应或者向其他食品生产商进行原材料供应等方式对食品生产商的有害添加行为进行抵制，进而从侧面使此节点的食品质量安全风险传导效应减弱。

为切实降低食品供应链上各节点的食品质量安全风险传导效应，需要使 $S_{E_S\theta_1} < 1$ 和 $S_{E_M\theta_2} < 1$ 同时成立，因而需要使下式成立：

$$\begin{cases} \theta_1 < \dfrac{1}{h}\sqrt{\dfrac{a^2 - yh\theta_2(2a - h\theta_2) - 16C_{s0}}{x}} \\ \theta_2 < \dfrac{1}{h}\sqrt{\dfrac{a^2 - xh\theta_1(2a - h\theta_1) - 32C_{m0}}{y}} \end{cases} \qquad (3-6)$$

由式（3-6）可以发现，$0 < \theta_1 < \dfrac{1}{h}\sqrt{\dfrac{a^2 - yh\theta_2(2a - h\theta_2) - 16C_{s0}}{x}}$

且 $0 < \theta_2 < \dfrac{1}{h}\sqrt{\dfrac{a^2 - xh\theta_1(2a - h\theta_1) - 32C_{m0}}{y}}$ 时可以使 $S_{E_S\theta_1} < 1$ 和 $S_{E_M\theta_2} < 1$

同时成立。首先，令 $\theta_{1s} = \dfrac{1}{h}\sqrt{\dfrac{a^2 - yh\theta_2(2a - h\theta_2) - 16C_{s0}}{x}}$，通过减

小 C_{s0} 可以增加 θ_{1s} 的值；其次，减小原材料供应商有害食品添加剂的添加可能性 x 也可以增加 θ_{1s} 的值，进而可以使满足式（3 - 6）的 θ_1 的取值范围增大。首先，令 $\theta_{2m} = \dfrac{1}{h} \sqrt{\dfrac{a^2 - xh\theta_1(2a - h\theta_1) - 32C_{m0}}{y}}$，通过减小 C_{m0} 可以增加 θ_{2m} 的值；其次，减小食品生产商有害食品添加剂的添加可能性 y 也可以增加 θ_{2m} 的值，进而可以使满足式（3 - 6）的 θ_2 的取值范围增大。因此，可以通过以上方式来降低食品供应链上各节点的食品质量安全风险传导效应，以确保食品质量安全。

3.3.6 小结

通过对食品供应链中各行为主体的有害食品添加剂添加行为所引起的食品质量安全风险传导效应变化分析，可以得到以下结论：由原材料供应商的不法添加行为所引起的食品质量安全风险传导效应在食品生产商和食品经销商这两个节点较弱，而在原材料生产商这个节点本身较强；由食品生产商的不法行为所引起的食品质量安全风险传导效应在原材料供应商和食品经销商这两个节点较弱，而在食品生产商这个节点本身较强。通过将原材料供应商和食品生产商的有害食品添加剂添加水平均降低到一定的水平内可以分别减弱相应节点的食品质量安全风险传导效应，进而降低整个供应链条上基于有害食品添加剂的食品质量安全风险传导效应，切实提高食品质量安全水平。

为有效减弱食品质量安全风险的传导效应，切实保障食品质量安全，可考虑以下策略：一是积极鼓励原材料供应商和食品生产商引进新技术、新方法，并给予适当的补贴以降低原材料采集成本 C_{s0} 和食品制造成本 C_{m0}；二是积极引入第三方监管主体以加大对有害厂商的社会监管压力，并适当加强政府部门的监管，以减小原材料供应商和食品生产商添加有害食品添加剂的概率 x 和 y，从而形成政府主导下多元主体参与的防控食品供应链质量安全风险的社会共治格局，有效减弱食品质量安全风险的传导效应，切实维护全社会的食品质量安全。

第4章 食品质量安全风险度量

4.1 供应链环境下食品质量安全
风险灰色关联度分析

灰色系统理论是我国著名学者邓聚龙教授于 1982 年提出的，其研究对象是"部分信息已知，部分信息未知"的"贫信息"不确定性系统。本节通过统计分析近 20 年来长三角地区发生的典型食品质量安全事件，运用灰色关联度分析法对食品供应链各个环节所受食品质量安全风险因素的影响程度进行计算排序，为有效防控供应链环境下的食品质量安全风险提供决策参考。

4.1.1 评价指标的选择

根据前面食品供应链质量安全风险影响因素的研究结果，食品供应链全流程可划分为种植养殖（或称原料供应）、生产加工、物流储运和销售消费四大环节，这些环节上的食品质量安全风险影响因素主要包括各种物理因素、化学因素和生物因素等。

本节采用案例分析法提取食品质量安全风险评价指标，所选取

的 60 个典型案例（参见表 1 - 7）是由国家相关政府部门立案侦查
或是已对消费者造成人身伤害的事件。经综合分析可知，造成这些
事件的具体因素主要有温度、包装物、化学添加剂、农药、病毒细
菌、微生物、生物等。这些事件或者是由某一因素引起的，或者是
由多个因素相互作用而产生的。食品在供应链流通过程中可能会由
于某些因素影响而发生食品质量安全事故。这里根据食品质量安全
风险的影响因素——物理因素、化学因素和生物因素，选取具有代
表性、易发性和严重性的具体影响因素——温度、异物混入、化学
添加剂、农药毒素、病毒细菌、生物滋生和环境卫生这 7 个基本因
素为评价指标，根据表 1 - 7 中长三角地区近 20 年来的食品质量安
全真实典型案例为样本，来评价这些因素对整个食品供应链中食品
质量安全风险的影响程度。食品质量安全风险影响因素选择及食品
在供应链中流通过程如图 4 - 1 所示。

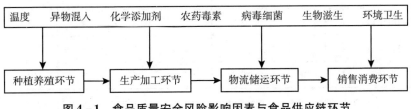

图 4 - 1　食品质量安全风险影响因素与食品供应链环节

4.1.2　评价数列与评价标准

　　由于来源于长三角地区各案例事件中的食品质量安全风险在食
品供应链各环节上的传导量甄别较难，故这里不妨假设不考虑食品
质量安全风险因素的传导效应。根据图 4 - 1 可知，温度、异物混
入、化学添加剂、农药毒素、病毒细菌、生物滋生和环境卫生这七
个影响因素是案例中引发食品质量安全事件的主要因素，因此，这

里选定的评价指标就是温度、异物混入、化学添加剂、农药毒素、病毒细菌、生物滋生和环境卫生。

　　根据表1-7中所选取的案例分析,可得出各个案例发生的具体影响因素,某一因素引起的食品质量安全事件越多,则其在评价数列中所占比例越大。通过分析统计可得出参考数列,见表4-1。鉴于这里是按照食品供应链各个环节中发生食品质量安全风险影响因素的次数进行排序的,故标准数列(又称参考数据列)的取值为每一影响因素所引发的食品质量安全事件在各个环节的最大值。

表4-1　　　　　　　　　案例统计结果及参考数列

环节	温度	异物混入	化学添加剂	农药毒素	病毒细菌	生物滋生	环境卫生
种植养殖	1	1	5	7	3	2	2
生产加工	3	10	30	7	15	5	10
物流储运	1	1	2	1	7	4	3
销售消费	4	3	6	2	8	4	8
标准数列	4	10	30	7	15	5	10

　　注:有些案例是由多个影响因素相互作用产生的,这里采用多次计算统计的方法。

　　由于评判指标间通常有不同的量纲和数量级,所以不能直接进行比较,为计算需要及保证结果的真实可靠,需要对原始指标值进行规范处理。为研究各影响因素在各环节中的重要性程度,选取表4-1中标准数列中的最大值30作为规范处理的标准数值,用标准数值除以表中所有分值,以百分比表示影响因素对食品供应链各环节的影响程度,处理结果如表4-2所示。

表 4 - 2　　　　　影响因素对食品供应链各环节的影响程度　　　单位：%

环节	温度	异物混入	化学添加剂	农药毒素	病毒细菌	生物滋生	环境卫生
种植养殖	3.3	3.3	16.7	23.3	10.0	6.7	6.7
生产加工	10.0	33.3	100.0	23.3	50.0	16.7	33.3
物流储运	3.3	3.3	6.7	3.3	23.3	13.3	10.0
销售消费	13.3	10.0	20.0	6.7	26.7	13.3	26.7
标准	13.3	33.3	100.0	23.3	50.0	16.7	33.3

4.1.3　指标权重的确定

运用定量统计法来确定各指标的权重。根据表 4 - 1 可知，各指标发生次数最多为 43 次，最少 9 次，所以可将各指标的重要性评价等级设定为：发生次数为 0 ~ 10 次的为不太重要；10 ~ 20 次为重要；20 ~ 30 次为非常重要；30 次以上为极为重要，即每一个指标根据案件次数可划分为不太重要、重要、非常重要和极为重要四个标准，具体分析结果见表 4 - 3。

表 4 - 3　　　　　　　　指标权重分析结果

指标	发生次数统计	重要性评价（%）				备注
		不太重要	重要	非常重要	极为重要	
温度	9	1				
异物混入	15		1			
化学添加剂	43				1	
农药毒素	17		1			
病毒细菌	33				1	
生物滋生	15		1			
环境卫生	23			1		

根据表4－3，依照以下赋值原则：不太重要的赋值为1，重要的赋值为2，非常重要的赋值为3，极为重要的赋值为4。可知这四种重要性选项的权重分别为：

不太重要：$1/(1+2+3+4)=0.1$；

重要：$2/(1+2+3+4)=0.2$；

非常重要：$3/(1+2+3+4)=0.3$；

极为重要：$4/(1+2+3+4)=0.4$。

计算每个指标的权重如下：

温度的权重 $=(9\times0.1)/(9\times0.1+15\times0.2+43\times0.4+17\times0.2+33\times0.4+15\times0.2+23\times0.3)=0.9/(0.9+3+17.2+3.4+13.2+3+6.9)=0.019$。

同理可得：

异物混入的权重 $=(15\times0.2)/47.6=0.063$

化学添加剂的权重 $=(43\times0.4)/47.6=0.361$

农药毒素的权重 $=(17\times0.2)/47.6=0.071$

病毒细菌的权重 $=(33\times0.4)/47.6=0.277$

生物滋生的权重 $=(15\times0.2)/47.6=0.063$

环境卫生的权重 $=(23\times0.3)/47.6=0.145$

故指标按照温度、异物混入、化学添加剂、农药毒素、病毒细菌、生物滋生和环境卫生顺序排列的权重为：

$W=(0.019,0.063,0.361,0.071,0.277,0.063,0.145)$

4.1.4　灰色关联系数的计算

1. 灰色关联系数

根据灰色系统理论，对于一个参考数据列 x_0，比较数列为 x_i，可计算出序列差如表 4 - 4 所示。

表 4 - 4　　　　　　　　　　序列差

环节	温度	异物混入	化学添加剂	农药毒素	病毒细菌	生物滋生	环境卫生
种植养殖	10	30	83.3	0	40	10	26.6
生产加工	3.3	0	0	0	0	0	0
物流储运	10	30	93.3	20	26.7	3.4	23.3
销售消费	0	23.3	80	16.6	23.3	3.4	6.6

对种植养殖环节而言，两级最小差与两级最大差分别为：

$$\min_i \min_k | x_0(k) - x_i(k) | = 0$$

$$\max_i \max_k | x_0(k) - x_i(k) | = 83.3$$

对生产加工环节而言，两级最小差与两级最大差分别为：

$$\frac{\min}{i} \frac{\min}{k} | x_0(k) - x_i(k) | = 0$$

$$\frac{\max}{i} \frac{\max}{k} | x_0(k) - x_i(k) | = 3.3$$

对物流储运环节而言，两级最小差与两级最大差分别为：

$$\frac{\min}{i} \frac{\min}{k} | x_0(k) - x_i(k) | = 3.4$$

$$\frac{\max}{i} \frac{\max}{k} | x_0(k) - x_i(k) | = 93.3$$

对销售消费环节而言，两级最小差与两级最大差分别为：

$$\frac{\min}{i} \frac{\min}{k} | x_0(k) - x_i(k) | = 0$$

$$\frac{\max}{i} \frac{\max}{k} | x_0(k) - x_i(k) | = 80$$

下述关系式表示灰色关联度分析法中各个数据列与标准数据列

的关联系数 $\xi_i(k)$

$$\zeta_i(k) = \frac{\min_i \min_k |x_0(k) - x_i(k)| + \zeta \max_i \max_k |x_0(k) - x_i(k)|}{|x_0(k) - x_i(k)| + \zeta \max_i \max_k |x_0(k) - x_i(k)|}$$

根据题意可取 $\zeta = 0.5$，则有：

$$\xi_1(1) = \frac{0 + 0.5 \times 83.3}{|13.3 - 3.3| + 0.5 \times 83.3} = 0.81,$$

同理计算可得，

$\zeta_1(2) = 0.58$，$\zeta_1(3) = 0.33$，$\zeta_1(4) = 1$，$\zeta_1(5) = 0.51$，$\zeta_1(6) = 0.81$，$\zeta_1(7) = 0.61$

即 $\zeta_1(k) = \{0.81, 0.58, 0.33, 1.00, 0.51, 0.81, 0.61\}$

同理可得：

$\zeta_2(k) = \{0.34, 1.00, 1.00, 1.00, 1.00, 1.00, 1.00\}$

$\zeta_3(k) = \{0.88, 0.65, 0.36, 0.75, 0.68, 1.00, 0.72\}$

$\zeta_4(k) = \{1.00, 0.63, 0.33, 0.71, 0.63, 0.92, 0.86\}$

综上所述：

$\zeta_1(k) = \{0.81, 0.58, 0.33, 1.00, 0.51, 0.81, 0.61\}$

$\zeta_2(k) = \{0.34, 1.00, 1.00, 1.00, 1.00, 1.00, 1.00\}$

$\zeta_3(k) = \{0.88, 0.65, 0.36, 0.75, 0.68, 1.00, 0.72\}$

$\zeta_4(k) = \{1.00, 0.63, 0.33, 0.71, 0.63, 0.92, 0.86\}$

2. 计算结果分析

根据计算结果 $\zeta_1(k) = \{0.81, 0.58, 0.33, 1.00, 0.51, 0.81, 0.61\}$ 可知，在种植养殖环节中，最易引发食品质量安全风险的影响因素是农药毒素，其关联系数为 1.00；关联系数同为 0.81 的温度和生物滋生属于第二大引发食品质量安全风险的影响因素；环境卫生也是该环节中引发食品质量安全风险的主要因素。因此，可知引发种植养殖环节食品质量安全风险影响因素的重要性程度排序如下：农药毒素＞温度＝生物滋生＞环境卫生＞异物混入＞病毒细菌＞化学添加剂。

同理可知，生产加工环节食品质量安全风险影响因素的重要性程度排序如下：异物混入＝化学添加剂＝农药毒素＝病毒细菌＝生物滋生＝环境卫生＞温度，这说明在该环节中，除温度因素外，其他六大因素均为影响食品质量安全风险的重要诱导因素。物流储运环节食品质量安全风险影响因素的重要性程度排序如下：生物滋生＞温度＞农药毒素＞环境卫生＞病毒细菌＞异物混入＞化学添加剂。销售消费环节食品质量安全风险影响因素的重要性程度排序如下：温度＞生物滋生＞环境卫生＞农药毒素＞病毒细菌＝异物混入＞化学添加剂。

综上所述，长三角地区食品供应链中的种植养殖环节最需要关注农药毒素的使用；生产加工环节中除温度外，其余六个指标的关联系数均为 1.00，均是风险控制的主要关注指标；物流储运环节应重点关注食品在运输过程中受到生物滋生的影响；而销售消费环节最需要注意的是对温度的科学合理控制。

4.1.5　灰色关联度的计算

1. 计算灰色关联度及排序

根据灰色关联度各指标的关联系数及各指标权重，可得种植养殖环节的食品质量安全风险影响因素的灰色关联度为：

$$R1 = 0.019 \times 0.81 + 0.063 \times 0.58 + 0.361 \times 0.33 + 0.071 \times 1.00$$
$$+ 0.277 \times 0.51 + 0.063 \times 0.81 + 0.145 \times 0.61 = 0.523$$

同理可算得生产加工环节、物流储运环节和销售消费环节的食品质量安全风险影响因素的灰色关联度分别为：

$$R2 = 0.019 \times 0.34 + 0.063 \times 1.00 + 0.361 \times 1.00 + 0.071 \times 1.00$$
$$+ 0.277 \times 1.00 + 0.063 \times 1.00 + 0.145 \times 1.00 = 0.986$$

$$R3 = 0.019 \times 0.88 + 0.063 \times 0.65 + 0.361 \times 0.36 + 0.071 \times 0.75$$
$$+ 0.277 \times 0.68 + 0.063 \times 1.00 + 0.145 \times 0.72 = 0.597$$

$$R4 = 0.019 \times 1.00 + 0.063 \times 0.63 + 0.361 \times 0.33 + 0.071 \times 0.71$$
$$+ 0.277 \times 0.63 + 0.063 \times 0.92 + 0.145 \times 0.86 = 0.585$$

由此可得，这里食品供应链各环节所受到的食品质量安全风险影响因素灰色关联度排序为：

$$R2 > R3 > R4 > R1$$

2. 结果分析

从上述计算过程和结果可以看出，长三角地区食品供应链中各环节所受到的食品质量安全风险影响因素的灰色关联度排序为：生产加工环节 > 物流储运环节 > 销售消费环节 > 种植养殖环节。由此可得出研究结论：发生食品质量安全风险从大到小的供应链环节依次是生产加工、物流储运、销售消费和种植养殖等环节。根据这一研究结果可知，种植养殖环节引发的食品质量安全风险最低，说明近些年来长三角地区实施的生态种植养殖政策与措施取得了明显成效；生产加工环节是引发食品质量安全风险的最主要环节，因此，对食品供应链质量安全风险实施控制时，仍需重点关注生产加工环节中的各种风险因素对食品质量安全风险值的影响；同时也要对物流储运环节特别是冷链物流及其食品外包装的安全卫生加强风险防控。

4.1.6 小结

一方面，灰色关联系数的计算结果有利于长三角地区食品供应链各环节企业在日常工作中有针对性地对各自环节的影响因素实施重点关注，及时发现问题并采取措施，同时也为各级政府监管食品质量安全并有效防控食品质量安全风险划出了重点。具体而言，在种植养殖环节中，各影响因素对该环节食品质量安全风险的影响程度排序为：农药毒素＞温度＝生物滋生＞环境卫生＞异物混入＞病毒细菌＞化学添加剂，由此可知，在日常种植养殖中最应该关注的是农兽药的用法用量及毒素的及时检测。生产加工环节的排序结果为：异物混入＝化学添加剂＝农药毒素＝病毒细菌＝生物滋生＝环境卫生＞温度，据此可知该环节除温度外，各种影响因素对食品质量安全风险的影响程度是相同的，在日常生产中都要对这些环节实施重点防控。物流储运环节的排序结果为：生物滋生＞温度＞农药毒素＞环境卫生＞病毒细菌＞异物混入＞化学添加剂，企业应该在日常工作中重点关注生物滋生对食品质量安全风险的影响，做到按企业规章制度实施物流运输工作，避免生物滋生的发生。销售消费环节的排序结果为：温度＞生物滋生＞环境卫生＞农药毒素＞病毒细菌＝异物混入＞化学添加剂，由此可知在销售消费过程中要注意食品的储存温度，温度过高或者过低都会影响食品质量，这是该环节食品质量安全风险的主要影响因素。

另一方面，灰色关联度的计算结果表明，长三角地区食品供应链各环节所受到的食品质量安全风险影响因素灰色关联度排序为：生产加工环节＞物流储运环节＞销售消费环节＞种植养殖环节。由此可知，在供应链环境下的食品质量安全风险评价中，生产加工环节是最容易引发食品质量安全风险的环节，因此，在对食品质量安全风险实施控制的过程中应该重点关注生产加工环节，广大食品生产企业作为生产加工环节的主体，研究针对食品生产企业的食品质量安全风险控制就是问题的关键，能够实现快速高效控制风险的目的。

4.2 供应链环境下食品质量
安全风险预警研究

本节将从食品供应链出发，建立食品质量安全风险预警指标体系，构建拓展突变模型，并运用该模型对风险因素进行现状量化分析和未来风险预测，从而可以为政府食品监管部门和生产经营主体进行风险监控提供科学的决策方法与工具。

4.2.1 供应链环境下食品质量安全风险预警指标体系

1. 指标体系的构建

食品质量安全风险预警指标体系在整个食品质量安全风险管理系统中起着基础性作用，建立科学合理的食品质量安全风险预警指标体系对于整个食品供应链质量安全风险预警至关重要。毫无疑问，食品质量安全风险预警指标设计的合理性、科学性与适用性将直接影响预警的实际效果，对后续的预警测试和对策措施等都十分重要。因此，本节将详细阐述食品质量安全风险预警指标的界定与选择，按照客观性、可量化性、适用性等原则，分析影响食品质量安全的关键风险因素，对预警指标进行综合设计以及指标体系的构建。

（1）指标设置原则。

食品质量安全风险问题存在着一定的复杂性与难以精确量化的特性。根据国内外相关文献可知，风险通过定量的指标来衡量本身就是一件比较困难的事情，因此，食品质量安全风险预警的指标设置在坚持代表性、可行性等一般原则基础上，还应该遵循如下原则：

①客观性原则。从相关文献中可知，多数专家学者建立的食品质量安全风险指标体系都存在一定的主观性，部分指标是根据特定的企业或者特定的行业设置的，不能普遍概括所有食品行业的风险。因此，必须选取能够代表食品质量安全风险的总体指标，且其客观存在，而非主观设定。

②可量化性原则。众所周知，食品质量安全风险表征具有复杂性，有些风险影响因素可能难以量化或者需要根据等级划分设定相对的近似数值。但基于科学决策的需要，在建立风险预警指标体系时，应尽可能选择可量化的指标，用具体数据来衡量指标的高低与风险的大小。

③易获取性原则。现有大多风险预警指标体系中，选择的指标数据获取难度较大，基本采用问卷调查或者主观设定的方式，对其可靠性存在一定的质疑。因此，为了尽可能保证指标数据来源的客观性和可视化，拟建立的指标体系数据主要来源于《上海食品安全状况白皮书》《中国食品工业年鉴》《中国食品安全发展报告》以及中国产业信息网等相关文献。

（2）指标体系的建立。

根据上述指标设置原则，结合权威专家的建议与国内外文献成果，从供应链视角出发，将食品质量安全风险预警指标体系准则层分为四个风险环节，分别是食品供应链中的生产、加工、销售与消费四个环节风险。

生产环节风险通常受到化学性因素的影响，比如农药、兽药、激素等残留物的污染，重金属超标等。因此，在生产环节中，可选取农兽药残留与重金属污染这两个风险指标。

加工环节风险常常受到生物性因素与物理性因素的影响，还有一些外来物质威胁到食品质量安全。例如，食品添加剂的滥用与非法使用，寄生虫、有毒生物等产生的生物污染，食品包装不合格造成的食品污染等。因此，在加工环节中，选择食品包装袋不合格率与食品添加剂不合格率这两个风险指标。

销售环节风险主要考虑的是关于冷链物流因素以及食品生物性因素的影响。冷链物流在销售环节中拥有重要的地位，主要通过冷藏车、冷库等指标来衡量。在销售环节中，微生物、昆虫等对食品质量安全也会产生一定的威胁。因此，在销售环节中，可选取冷链物流总额增长率、人均冷库储藏比、食品销售企业 A 级数量增长率以及微生物不合格率这四个风险指标。

消费环节风险主要考虑的是消费者与餐饮业场所因素的影响，相比较而言，这是消费环节风险中较为直接的影响因素。因此，在消费环节中，可选取市民安全知识知晓度增长率、餐饮具消毒不合格率以及食品消费投诉量增长率这三个指标来衡量该环节的风险。

综上所述，食品质量安全风险预警指标体系的具体内容如表 4 - 5 所示，该指标体系的具体目标是衡量供应链各环节下食品质量安全风险度。整个指标体系分为目标层、准则层、因素层与指数层这四个层级。准则层是从供应链视角出发，分为生产环节风险、加工环节风险、销售环节风险与消费环节风险四个环节风险。因素层是在准则层的基础上，设立了 11 个指标，量化各个环节的食品质量安全风险。指数层是对因素层 11 个指标的解释与说明。

表 4 – 5　　　　　　　食品质量安全风险预警指标体系

目标层	准则层	因素层	指数层
食品质量安全风险预警指标体系	生产环节风险	农兽药残留不合格率（S_1）	过度使用农药与兽药导致残留情况
		重金属污染不合格率（S_2）	环境污染导致食品重金属污染情况
	加工环节风险	食品包装袋不合格率（S_3）	使用有毒有害的包装物情况
		食品添加剂不合格率（S_4）	超范围超限量使用食品添加剂情况
	销售环节风险	食品销售企业 A 级数量增长率（S_5）	上海市销售企业评为 A 级的数量与上一年相比的增长程度
		冷链物流总额增长率（S_6）	我国冷链物流中每一年总金额与上一年相比的增长程度
		人均冷库储藏比（S_7）	冷链物流中美国人均冷库储藏与我国人均冷库储藏的比例
		食品微生物不合格率（S_8）	霉菌、大肠杆菌、酵母菌等超标情况
	消费环节风险	市民安全知识知晓度增长率（S_9）	上海市民对食品安全知识知晓程度与上一年相比的增长程度
		餐饮具消毒不合格率（S_{10}）	餐饮业经营场所中，餐饮具中大肠菌群等超标情况
		食品消费投诉量增长率（S_{11}）	每一年消费者对于食品质量安全不满意的投诉件数比上一年的增长程度

在风险评估预警领域，不论是哪个行业，往往对各个指标赋予权重，然后在对全部风险度量结果进行加权计算。但是，食品行业的特殊性众所周知，只要有某一项风险指标超过阈值，就可能会导致食品质量安全风险事件的爆发，危害人体健康，引起整个社会恐慌。因此，将着重于关注每一个指标的数据与状态情况，而不是追

求整体的风险评估结果。同时，为了确保每个指标的重要性，将在下文中对指标体系进行预处理，筛选出真正重要的指标，精简指标体系。

这里的食品质量安全风险预警指标体系在设计时，都尽量选取可量化的指标，以方便后续进行风险评估与风险预警。同时，为了对食品质量安全风险问题进行直观的处理，将对食品质量安全风险进行等级划分，大致可分为高度风险、中度风险与低度风险。根据不同的风险等级，相关政府与企业可以采取不同的应对策略。根据数据综合分析与《国家食品安全应急预案》中的方案，高度风险对应重大食品安全事故，中度风险对应一般食品安全事故，低度风险对应较小或无食品安全事故。通过风险预警，可将影响食品质量安全的各个风险因素提早遏制在萌芽之中，保障人民群众生命健康与社会稳定。

2. 指标体系的简约处理

食品质量安全风险初始预警指标体系中设计了 11 个指标，这些指标的重要性存在差异。因此，在现有的文献研究中，许多专家会提出确定指标权重的方法，目前主要有两种，一个种主观赋权法，另一种是客观赋权法。主观赋权法受受访者的主观因素影响较大，在解决问题中可能存在一定的误差。但是它能解决一些定性或难以量化的问题，如德尔菲法等。客观赋权法的科学性与可靠性更强，几乎不受个人主观因素的影响，但要求指标均为可量化的指标，如主成分分析法等。在设计指标体系时，为了减少主观性对最终研究结果产生的不利影响，指标体系中均为可量化的指标，所以，在此选择了客观赋权法对指标体系进行预处理。在众多客观赋权法中，选取了基于粗糙集理论的属性约简方法。粗糙集理论能够在复杂的信息中挑选出为自己所用的重要信息，具有处理模糊与不精确问题的特性。同时，粗糙集无须对数据进行任何事先处理，这是该法拥有的独特优势。

（1）粗糙集理论的基本概念。

粗糙集（RS）理论是由波兰数学家帕夫拉克（Pawlak）在 1982年提出的一种数据分析理论。在信息系统中，不同属性的重要程度是不一样的，属性约简就是找出信息系统中的重要属性，去除冗杂属性，实现知识的简洁表达。

定义 1：信息系统是有序对 $S=(U,A)$，其中 U 表示非空有限集合，成为论域。$A=C\cup D$，$C\cup D\neq\varnothing$，C 表示条件属性集，D 表示决策属性集。知识库为 $K=(U,R)$，R 是论域 U 上的等价关系族。$ind(P)$ 为 R 的非空子集 P 上的不可区分关系。称 $U/ind(P)$ 为 $K=(U,R)$ 关于论域 U 的 P 基本知识。

定义 2：给定知识库 $K=(U,R)$，对 $X\neq\varnothing$ 且 $X\in U$，一个等价关系 $R\in ind(K)$。称 $\underline{R}X=\cup\{Y\in U/R\,|\,Y\subseteq X\}$ 为 X 关于 R 的下近似。称 $\overline{R}X=\cup\{Y\in U/R\,|\,Y\cap X\neq\varnothing\}$ 为 X 关于 R 的上近似。若 $\underline{R}X\neq\overline{R}X$ 则 X 为 R 的粗糙集。$posR(X)=\underline{R}X$ 称为 X 的 R 正域。

定义 3：设 $Q\subseteq P$，如果 Q 是独立的，且 $ind(Q)=ind(P)$，则称 Q 为 P 的一个约简。显然 P 可以有多个约简。给定决策集合信息系统 $S=(U,A=C\cup D,V,f)$，设 U 是非空论域，C 是非空条件属性集，$B\subseteq C$，$d\subseteq D$，$posB(d)=\cup\left\{\underline{B}X\,\Big|\,X\in\left\{\dfrac{U}{ind(d)}\right\}\right\}$ 为决策属性 d 相对于 B 的相对正域。

定义 4：设 R 是一个等价关系簇，$r\in R$，如果 $ind(R)=ind(R-\{r\})$，则称 r 是在 R 中不可约去的知识。如果 $P=R-\{r\}$ 是独立的，则 P 是 R 中的一个约简。设 P 和 Q 都是等价关系簇，如果 $pos_{ind(P)}(ind(Q))=pos_{ind(P-\{R\})}(ind(Q))$，则称 $R\in P$ 是 P 上 Q 可约去的；否则 R 是 P 上 Q 不可约去的，同时这也是判断必要属性与冗余

属性的方法。如果 P 上的每一个等价关系 R 都是 Q 不可约去的，则 P 是 Q 独立的或者 P 关于 Q 是独立的。

食品质量安全风险预警指标体系中的每个指标都采用粗糙集理论进行处理，所有环节的指标来自上海市 2016~2019 年的年度数据。数据主要来源于《上海食品安全状况白皮书》《中国食品工业年鉴》《中国食品安全发展报告》和中国产业信息网等其他相关文献。

（2）基于粗糙集建立信息系统。

由于目前国内外尚未有统一的关于食品质量安全风险指标的等级划分方法与标准，因此，这里主要采取以下一些方法：

第一，极值—均值法。确定风险预警指标在国内的极值以及均值，并将其作为指标等级划分的评价刻度，分为 3 层等级评价标准。如重金属污染不合格率（S_2）与食品添加剂不合格率（S_4）的指标等级划分，是根据我国目前食品的现状与目标值得出的结论；食品微生物不合格率（S_8）与餐饮具消毒不合格率（S_{10}）是根据其在全国范围内的最好值、最坏值以及均值确定等级划分。

第二，文献检索法。参考国内现有的研究成果，并根据科学性、可比性原则，对指标的数据进行适当的调整，如食品包装袋不合格率（S_3）的划分标准是根据文献以及具体情况综合考虑而确定的（Xiao Jing，2009）。

第三，专家经验法。由于部分指标的创新性，暂时没有现成的研究成果与经验数据可以借鉴，因此，采用专家意见与经验判断指标等级标准。如食品销售企业 A 级数量增长率（S_5）、冷链物流总额增长率（S_6）、人均冷库储藏比（S_7）与市民安全知识知晓度（S_9）等体系中新建的指标，采用专家的意见确定指标等级的划分。

第四，国际标准法。采用国际食品法典的数据，并根据中国具体国情及动态性、可比性等原则进行调整，如农兽药残留不合格率（S_1）按照国际食品标准来划分等级。

第五，综合分析法。参考相关文献、专家经验、国际标准等方法，再结合中国食品安全现状，综合各种方法和因素，考虑指标的等级划分，如食品消费投诉量增长率（S_{11}）。

根据上述五种方法，将食品质量安全风险预警指标进行量化分级，即高度风险为1、中度风险为2、低度风险为3。根据《国家食品安全应急预案》中的相关内容，高度风险对应重大食品安全事故，中度风险对应一般食品安全事故，低度风险对应较小或无食品安全事故。因此，根据建立的食品质量安全风险预警指标体系，其指标评定标准界定如表4-6所示。

表4-6　　　　　　　　食品质量安全风险预警指标等级

指标	高度风险	中度风险	低度风险
S_1	>10	10~2	<2
S_2	>8	8~1.5	<1.5
S_3	>10	10~2	<2
S_4	>13	13~2	<2
S_5	<0	0~10	>10
S_6	<0	0~10	>10
S_7	>3	1~3	<1
S_8	>10	10~5	<5
S_9	<0	0~5	>5
S_{10}	>20	20~5	<5
S_{11}	>10	0~10	<0

根据粗糙集理论，属性约简在计算指标时需要对数据进行离散化处理，转化为适合粗糙集理论分析的初始决策。因此，结合表4-6的指标等级标准，对2016~2019年的指标数据进行离散化

处理，得出的初始决策表如表4-7所示。

（3）基于粗糙集的指标约简。

如表4-7所示，设论域 $U = \{ U_1, U_2, U_3, U_4 \}$，即 2016 ~ 2019 年为 U_1 到 U_4，2016 年为 U_1，2017 年为 U_2，以此类推。因素层的 11 个指标为条件属性，则条件属性集合 $S = \{ S_1, S_2, S_3, S_4, S_5, S_6, S_7, S_8, S_9, S_{10}, S_{11} \}$。

表 4-7　　　　　　　　　　初始决策

论域 (U)	条件属性 (S)										
	S_1	S_2	S_3	S_4	S_5	S_6	S_7	S_8	S_9	S_{10}	S_{11}
U_1	3	2	2	3	3	3	3	1	1	3	1
U_2	3	3	3	3	2	3	3	1	2	3	1
U_3	3	3	2	3	2	3	3	1	2	3	3
U_4	3	3	2	3	3	3	3	1	2	3	3

依次从因素层中剔除冗余指标，得到等价关系 $POS_{ind(U-S_n)}$ 下近似为：

$$POS_{ind(U-S_1)}(U) = \{ U_1, U_2, U_3, U_4 \}$$

$$POS_{ind(U-S_2)}(U) = \{ U_1, U_2, U_3, U_4 \}$$

$$POS_{ind(U-S_3)}(U) = \{ U_1, U_2, U_3, U_4 \}$$

$$POS_{ind(U-S_4)}(U) = \{ U_1, U_2, U_3, U_4 \}$$

$$POS_{ind(U-S_5)}(U) = \{ U_1, U_2 \}$$

$$POS_{ind(U-S_6)}(U) = \{ U_1, U_2, U_3, U_4 \}$$

$$POS_{ind(U-S_7)}(U) = \{ U_1, U_2, U_3, U_4 \}$$

$$POS_{ind(U-S_8)}(U) = \{ U_1, U_2, U_3, U_4 \}$$

$$POS_{ind(U-S_9)}(U) = \{ U_1, U_2, U_3, U_4 \}$$

$$POS_{ind(U-S_{10})}(U) = \{ U_1, U_2, U_3, U_4 \}$$

$$POS_{ind(U-S_{11})}(U) = \{U_1,\ U_2,\ U_3,\ U_4\}$$

由上述分析可得，剔除指标 S_5，对 S 的等价关系影响小，因此对指标 S_5 进行约简。保留 S_1、S_2、S_3、S_4、S_6、S_7、S_8、S_9、S_{10}、S_{11} 这几个指标，对信息系统来说是必要的。经过属性约简后留下来的指标为农兽药残留不合格率、重金属污染不合格率、食品包装袋不合格率、食品添加剂不合格率、冷链物流总额增长率、人均冷库储藏比、食品微生物不合格率、市民安全知识知晓度增长率、餐饮具消毒不合格率以及食品消费投诉量增长率。

4.2.2　供应链环境下食品质量安全风险预警模型及应用

选择适当的食品质量安全风险预警模型，是食品质量安全风险预警能否成功的重要因素。现有文献中有关风险预警模型较多，如贝叶斯网络模型、支持向量机、BPNN 系统等。本节将采用突变模型与灰色系统理论相结合的方法，建立预警模型，并以长三角代表性地区上海市为例加以应用。利用突变模型，首先计算出上海市 2016～2019 年的食品供应链各个环节的质量安全风险度，对过去 4 年的食品质量安全风险进行评估与详细分析。然后，根据这 4 年的数据对上海市未来的食品质量安全风险进行分析和定量预测。经深入分析与相关专家咨询，表明所构建的食品质量安全风险预警指标体系适用于 GM（1，1）模型，因此，将利用 GM（1，1）模型对 2021～2023 年上海市的食品质量安全风险进行预测预警，以求达到最佳的预警效果，减少潜在的食品质量安全事故发生的概率。

1. 突变模型的构建

（1）突变级数法。

突变理论是由法国数学家汤姆（Thom）在 1972 年首次提出的

关于奇点的理论。突变现象多应用于突发改变现象和不连续事件，具有突跳性、滞后性、发散性等特征（Barunik J. et al.，2009；陈秋玲等，2011）。食品质量安全风险符合突变现象特征，因而在预警食品质量安全风险时，适合于采用突变模型。目前突变理论包含着折叠突变、尖点突变、燕尾突变等 7 种突变模型，其均有各自的势函数 $f(x)$。根据突变理论，对势函数 $f(x)$ 求一阶导数，即 $f'(x)=0$，可以求出平衡曲面的方程，对势函数 $f(x)$ 求二阶导数，即 $f''(x)=0$，可以求出平衡曲面的奇点集方程，再将两个方程联立，即可得出分歧方程。当控制变量的关系满足分歧集方程时，将发生系统突变的状况，此时将此方程进行推理，可得归一公式如表 4 - 8 所示。

表 4 - 8　　　　　　　　常见突变模型势函数与归一公式

突变类型	控制维数	势函数	归一公式
折叠突变	1	$x^3 + ax$	$x_a = \sqrt{a}$
尖点突变	2	$\dfrac{x^4}{4} + \dfrac{ax^2}{2} + bx$	$x_a = \sqrt{a},\ x_b = \sqrt[3]{b}$
燕尾突变	3	$\dfrac{x^5}{5} + \dfrac{ax^3}{3} + \dfrac{bx^2}{2} + cx$	$x_a = \sqrt{a},\ x_b = \sqrt[3]{b},\ x_c = \sqrt[4]{c}$
蝴蝶突变	4	$\dfrac{x^6}{6} + \dfrac{ax^4}{4} + \dfrac{bx^3}{3} + \dfrac{cx^2}{2} + dx$	$x_a = \sqrt{a},\ x_b = \sqrt[3]{b},\ x_c = \sqrt[4]{c},\ x_d = \sqrt[5]{d}$
棚屋突变	5	$\dfrac{x^7}{7} + \dfrac{ax^6}{6} + \dfrac{bx^4}{4} + \dfrac{cx^3}{3} + \dfrac{dx^2}{2} + ex$	$x_a = \sqrt{a},\ x_b = \sqrt[3]{b},\ x_c = \sqrt[4]{c},\ x_d = \sqrt[5]{d},\ x_e = \sqrt[6]{e}$

突变级数法是由突变理论与模糊数学理论相结合的一种方法，其主要步骤为：第一，先对目标评价进行多层次矛盾分解。第二，

利用现有的数据进行综合推理计算，运用的工具是上述表 4 - 8 所示的归一公式。第三，归一为具体的参数并进行判断。在突变决策进行综合评价时，系统中状态变量因为各个控制变量的影响，造成状态变量的方向不同，故而计算每一层控制变量时，采用互补或非互补原则。当采用互补原则时，这一层的状态变量取各个控制变量的突变级数值的平均值。当采用非互补原则时，这一层的状态变量根据"大中取小"的原则取值。

（2）模型的建立与应用。

利用突变级数法对食品质量安全风险预警体系处理分析，各个环节的指标均来自上海市 2016 ~ 2019 年的年度数据。鉴于这些定量或定性的指标存在越大越优和越小越优这两种情况，故先对这些指标分别进行无纲量化处理。

正向指标的运用公式为：

$$y_i = \frac{x_i - x_{\min}(i)}{x_{\max}(i) - x_{\min}(i)}$$

x_i 为第 i 行的具体数据，$x_{\min}(i)$ 为第 i 行的最小值，$x_{\max}(i)$ 为第 i 行的最大值，y_i 为处理后的数值。

逆向指标的公式为：

$$y_i = \frac{x_{\max}(i) - x_i}{x_{\max}(i) - x_{\min}(i)}$$

经过上述内容处理后的指标数据结果如表 4 - 9 所示。

表 4 - 9　　　　　　　　　无纲量化后处理的数据

环节	指标	年份			
		2016	2017	2018	2019
生产环节风险	农兽药残留不合格率	1.00	0.47	0.05	0.00
	重金属污染不合格率	1.00	0.29	0.00	0.67

环节	指标	年份			
		2016	2017	2018	2019
加工环节风险	食品包装袋不合格率	0.91	0.00	1.00	0.82
	食品添加剂不合格率	1.00	0.47	0.05	0.00
销售环节风险	冷链物流总额增长率	0.87	1.00	0.72	0.00
	人均冷库储藏比	1.00	0.50	0.00	0.50
	食品微生物不合格率	1.00	0.70	0.28	0.00
消费环节风险	市民安全知识知晓度增长率	1.00	0.17	0.00	0.66
	餐饮具消毒不合格率	0.05	0.30	1.00	0.00
	食品消费投诉量增长率	1.00	0.91	0.51	0.00

由上文可知，食品质量安全风险预警指标体系经过属性约简的处理，将剔除销售环节中的食品销售企业 A 级数量增长率这个指标。因此，销售环节的控制变量由四个变为三个。当控制变量分别为 1、2、3、4 个，则分别运用折叠突变，尖点突变，燕尾突变以及蝴蝶突变类型。在此风险预警体系中，控制变量维数为 2 个和 3 个，则运用尖点突变，燕尾突变，经过归一化与突变决策处理后的指标得到结果如表 4-10 所示，同时利用表 4-10 中的数据得出结果，如图 4-2 所示。

表 4-10　　　2016～2019 年上海市食品供应链各环节风险值

环节	年份			
	2016	2017	2018	2019
生产环节	1.00	0.68	0.11	0.44
加工环节	0.98	0.39	0.69	0.45
销售环节	0.98	0.90	0.53	0.26
消费环节	0.79	0.69	0.61	0.27

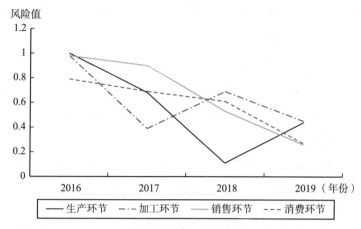

图 4 - 2 2016 ~ 2019 年上海市食品供应链各环节风险变动状况

根据阈值评判标准与突变级数法的运算，风险值即量化的数值越接近于 1，该环节的风险越大；数值越接近于 0，则该环节的风险越小。从图 4 - 2 来看，2016 年以来，食品供应链中的生产环节、加工环节、销售环节与消费环节的整体风险呈下降趋势。2017 年，加工环节的风险大幅度减小，这是因为在这一年中食品包装袋不合格率有明显的下降趋势。2018 年，生产环节的风险达到了近年来的最低点，这是因为农兽药残留不合格率与重金属污染不合格率都达到了近几年来的最低。销售环节风险在 2018 年也呈大幅度下降趋势，这与中央相关文件提出"完善鲜活农产品冷链物流体系"、政府继续加大力度支持冷链物流产业的发展密切相关。此外，《物流业中长期发展规划》等文件的逐步出台也为冷链物流发展提供了良好的基础。在政策利好的大环境下，冷链物流总额与人均冷库储藏比均有大幅度的提升。但从人均冷库比来说，目前国内的冷链物流与美国等发达国家相比仍存在差距。2019 年，生产环节风险较 2018 年有所上升，重金属污染不合格率有所反弹，表明该环节风险存在波动，仍需引起关注。这一年，消费环节的风险值大为减小，这与食品消费者投诉量增长率的降低息息相关，相关数据表明，上海市市民食品质量安全维权意识仍有待进一步提高。

从供应链各个环节来看，消费环节的风险值较低，这说明在食品供应链中，消费环节风险相对稳定且较低，由于近年来上海市逐渐加强了提高市民食品质量安全意识，对消费环节质量安全的严格管控，使得消费环节相对来说较少出现质量问题。生产环节与加工环节的风险值较高，这意味着上述两个环节的潜在风险相对较大。因此，在食品供应链中，生产环节风险与加工环节风险需要重点监管与控制。销售环节的风险在2019年达到了近年来的最低值，这与国家大力支持与发展食品市场离不开关系，但相关政府部门与企业依旧不能放松管控。

2. GM(1，1)模型的构建

(1) GM(1，1)模型的步骤。

灰色系统理论是利用完备系统的数学理论，可对在自然状态下的事物进行变化预测，此外，灰色系统理论还具有对决策进行规划评估的作用，并对项目的结果进行科学合理的预判。

GM(1，1)模型在灰色系统理论中是一个代表性的模型，具有序列性、少数据性、时间传递性等特点。其中由于少数据性的特点，只要大于4个数据就可以建立灰预测模型。食品质量安全风险预警指标体系中建立的指标符合GM(1，1)模型的特点，因此，根据建立的食品质量安全风险预警指标体系，建立GM(1，1)模型，具体步骤如下所示：

①令 $x^{(0)}$ 为 GM(1，1)的建模序列，

$$x^{(0)} = (x^{(0)}(1)，x^{(0)}(2)，\cdots，x^{(0)}(n))$$

②令 $x^{(1)}$ 为 $x^{(0)}$ 的 AGO 序列，

$$x^{(1)} = (x^{(1)}(1)，x^{(1)}(2)，\cdots，x^{(1)}(n))$$

$$x^{(1)}(1) = x^{(0)}(1);$$

$$x^{(1)}(k) = \sum_{m=1}^{k} x^{(0)}(m)$$

③令 $z^{(1)}$ 为 $x^{(1)}$ 的均值序列，

$$z^{(1)}(k) = 0.5x^{(1)}(k) + 0.5x^{(1)}(k-1),$$

$$z^{(1)} = z^{(1)}(2), z^{(1)}(3), \cdots, z^{(1)}(n)$$

则 GM(1，1)的灰微分方程为：

$$x^{(0)}(k) + az^{(1)}(k) = b$$

其中 a 为发展系数，b 为灰作用量，$z^{(1)}(k)$ 为白化背景值。

④运用最小二乘法估计参数 a，b，参数 $\hat{a} = (\hat{a}, \hat{b})^T$。

⑤白化微分方程的时间响应函数为：

$$\hat{x}^{(1)}(t) = \left[x^{(1)}(1) - \frac{b}{a} \right] e^{-a(t-1)} + \frac{b}{a}$$

离散化时间响应序列为：

$$x^{(1)}(k) = \sum_{m=1}^{k} x^{(0)}(m)$$

⑥通过上述解析建立模型预测序列 $\hat{x}^{(1)}$。

对于第五个步骤在这里进行详细的展开说明，GM(1，1)的灰微分方程，若 $x^{(0)}(k)$ 中的 $k = 2, 3, \cdots, n$ 看作连续变量 t，那么 $x^{(1)}$ 则看作是时间 t 的函数，记 $x^{(1)} = x^{(1)}(t)$，同时灰导数 $x^{(0)}(k)$ 是联系在导数 $\dfrac{dx^{(1)}(t)}{dt}$，白化背景值 $z^{(1)}(k)$ 联系在 $x^{(1)}$，则得出白化微分方程为：

$$\frac{dx^{(1)}(t)}{dt} + ax^{(1)} = b$$

由此得出白化方程的解即为上述白化微分方程的时间响应函数，并得出离散化时间响应序列。

（2）GM(1，1)模型的检验。

　　GM(1，1)模型的检验，在完整的模型构建中必不可少。在数据进行处理以及建立模型之后，需要对模型进行检验，在数学上是否符合标准，才能知道预测的结果是否科学可信。只有通过检验的模型，才能应用于食品质量安全风险预警。

　　令 $x^{(0)}$ 为 GM(1，1)的建模序列，

$$x^{(0)} = (x^{(0)}(1)，x^{(0)}(2)，\cdots，x^{(0)}(n))，$$

预测模型的模拟序列为

$$\hat{x}^{(0)} = (x^{(0)}(1)，x^{(0)}(2)，\cdots，x^{(0)}(n))$$

残差序列为

$$\varepsilon^{(0)} = (\varepsilon(1)，\varepsilon(2)，\cdots，\varepsilon(n))$$

$$\varepsilon(i) = x^{(0)}(i) - \hat{x}^{(0)}(i)/x^{(0)}(i)$$

　　如果 $\varepsilon(i) < 0.2$，则可认为达到一般要求，若 $\varepsilon(i) < 0.1$，则认为达到较高要求。

计算序列的级比为

$$\lambda(k) = x^{(0)}(k-1)/x^{(0)}(k)(k=2，3，4，\cdots，n)$$

　　如果所有的级比 $\lambda(k)$ 都落在可容覆盖区间 $X = (e^{\frac{-2}{n+1}}，e^{\frac{2}{n+2}})$ 内，则序列可以建立 GM(1，1)模型，进行灰色预测。否则，需要进行平移变换，其公式为 $y^{(0)}(k) = x^{(0)}(k) + c(k=1，2，\cdots，n)$。

　　选择适当的常数 c，使得序列

$y^{(0)} = (y^{(0)}(1)，y^{(0)}(2)，\cdots，y^{(0)}(n))$ 的级比为

$$\lambda(k) = y^{(0)}(k-1)/y^{(0)}(k)(k=2，3，4，\cdots，n)$$

　　进行级比偏差检验时，由上述数据计算出 $\lambda(k)$ 的值，用发展系数 a 计算出相应的级比偏差值 $\rho(k)$：

$$\rho(k) = 1 - \left(\frac{1-0.5a}{1+0.5a}\right)\lambda(k)$$

　　若 $\rho(k) < 0.2$，则认为可以达到一般要求；若 $\rho(k) < 0.1$，则可认为达到较高要求。

（3）模型建立与应用。

根据前面给出的 GM(1，1)计算步骤与检验方法，建立 GM(1，1)模型，然后导入2016~2019年的上海市相关数据，先进行 GM(1，1)模型的检验，所有的模型建立与计算均在 Matlab 软件中实现。经计算得出残差 $\varepsilon(i) < 0.1$，符合较高要求，级比偏差 $\rho(k) < 0.2$，符合一般要求。根据运行结果，按照食品质量安全风险预警指标体系建立的 GM(1，1)模型通过检验。总体上来说，通过检验的 GM(1，1)模型适合用于食品质量安全风险预警体系。

通过检验的 GM(1，1)模型，接下来就利用 Matlab 软件对未来三年2021~2023年的食品质量安全风险进行预测，得出结果如表4-11所示。

表 4-11　　2021~2023 年上海市食品质量安全风险指标预测值

年份	S_1	S_2	S_3	S_4	S_6	S_7	S_8	S_9	S_{10}	S_{11}
2021	0.019	1.79	3.49	0.11	41.42	3.53	0.53	0.92	4.51	−1.11
2022	0.009	2.20	4.34	0.07	51.83	3.54	0.37	0.67	4.14	−7.01
2023	0.004	2.70	5.37	0.04	64.85	3.55	0.25	0.49	3.79	−4.43

由表4-11得出的各风险指标预测值，再根据表4-6中的食品质量安全风险指标等级以及相关文献综合分析（陈秋玲，2011），可得出上海市食品供应链中各个环节的风险等级，所得结果如表4-12所示。

表 4-12　　2021~2023 年上海市食品供应链各环节风险

年份	生产环节风险	加工环节风险	销售环节风险	消费环节风险
2021	低度风险	低度风险	低度风险	低度风险
2022	低度风险	低度风险	低度风险	低度风险
2023	中度风险	中度风险	低度风险	低度风险

根据表 4-12 显示，总体上，长三角地区上海市食品质量安全问题是朝着好的方向发展的。从食品供应链中的各个环节来看，生产环节与加工环节的风险较高，在 2023 年的预测风险中均为中度风险。这主要是因为在农业生产环节中，重金属污染不合格率未来三年的指标预测不容乐观，有较大增长的趋势。在加工环节中，食品包装袋不合格率的指标预测风险呈增长趋势。需要引起相关部门和人员的警惕，采取相应的预防措施，将生产环节与加工环节的风险控制到最低，有效防范食品质量安全风险在这两个环节中反弹。销售环节与消费环节总体表现良好，风险较低，未来三年内的指标预测值良好，可以在继续保持的同时解决其中存在的长期性问题。虽然在销售与消费这两个环节中，未来三年的预测风险值较低，但食品质量安全问题有着牵一发而动全身的特点，社会影响范围之广，影响程度之大，仍需相关政府部门和企业重视这些环节中的一些频发问题，不容小觑。

从表 4-11 的预测数据来看，上海市食品供应链整体上指标数据在未来三年表现良好。在生产环节中，S_1 数值减小，S_2 数值增加，即农兽药残留不合格率为下降状态，重金属污染不合格率呈上升趋势。因此，在未来三年内需要高度重视生产环节中重金属污染的问题，其对食品质量安全造成的影响不容忽视。从加工环节来看，S_3 数值增加，S_4 数值减小，即食品包装袋不合格率呈增长趋势，食品添加剂不合格率是下降的，表明加工环节中的安全问题依旧存在，部分指标呈好转态势，但未来预期依然不容乐观。在销售环节中，冷链物流总额增长率增加，未来三年内维持在 40% 以上的高速增长水平，增长幅度逐年加大，这得益于政府大力支持冷链物流的发展，出台各类相关优惠政策扶持冷链物流产业又好又快地成长。人均冷库储藏比在未来三年内呈小幅增长趋势，说明上海市的人均冷库储藏与美国的差距仍在逐渐拉大，但是从数据上来看，其增长的幅度较低，未来上海市仍需在冷库容量上继续扩大规模，力求达到欧美等发达国家的水平。在消费环节中，三个指标的预测值整体表现较好，市民安全知识知晓度增长率虽然呈正值，但增长幅度逐年减小，相关部门仍需加强宣传与教育，提高市民关于食品质量安全知识的知晓度，提高食品辨别能力。餐饮具消毒不合格率未来三年内表现良好，呈下降的趋势，但仍需继续改善。食品消费投诉量增长率未来三年均呈负值，这说明食品消费投诉量呈减少的趋势，整体表现良性发展。

第5章 食品质量安全风险控制

5.1 供应链环境下食品质量
安全风险调控投资

食品质量安全风险问题的根本解决方法是食品供应链上的各节点企业进行必要的质量安全风险防控协同投资。食品供应链上游各级供应商的食品质量安全风险调控投资是保证下游食品制造商能否获得质量安全的原材料，降低或消除源头风险的根本所在，并最终影响食品的质量安全性（许民利等，2012）。而处于食品供应链核心位置的制造商质量安全风险调控投资则直接影响到最终产品的品质、安全和市场的需求，同时反过来也影响到上游食品供应商的收益与风险投资策略的选择。而且由于食品供应链中各节点的质量安全风险调控投资决策行为具有正外部性，因此，需要借助政府的外力推动供应链成员企业进行食品质量安全风险调控投资。正基于此，本节以博弈论为分析工具，从食品供应链质量安全风险内外调控相结合的视角，构建食品供应商与食品制造商的质量安全风险调控投资博弈模型，研究供应链契约联盟中食品供应商与制造商的食品质量安全风险调控投资行为的协调优化问题（晚春东等，2019）。

5.1.1 基本假设与模型构建

供应链联盟环境下的食品质量安全风险调控投资（以下简称风险投资）是指在社会正常平均生产经营条件下，基于保障食品质量安全的需要，食品供应链联盟中存在合作交易契约的各节点企业为预防和控制可能面临的各种食品质量安全风险而额外增加投入的各种人力、物力和财力等特定资源的总称。按投资强度及效果不同，食品质量安全风险投资可分为三种：不投资、投资但未达到质量安全基本标准要求、投资达到了食品质量安全基本标准要求（以下简称达标投资）。为简化分析，将前两种不投资和投资但未达到食品质量安全标准统一合并称为不达标投资，这样风险投资的种类由三种简化为两种，即风险达标投资和风险不达标投资。风险投资对保证食品质量安全水平、食品价格、市场需求、品牌信誉、企业收益及消费者权益等具有重要影响。其根本目的就是有效管控食品供应链上各环节中存在的质量安全风险，提高食品质量安全水平，确保广大消费者身心健康。实施食品质量安全风险投资行为需要进行成本收益分析，只有当风险投资行为所带来的收益大于投资成本时，食品供应链中的各级节点企业才有可能会采取投资行为。食品生产经营者的目标是实现利润最大化，其在做出生产经营决策时，会将风险投资行为所带来的直接损益和外部效应考虑在内，只有当生产优质安全或合格食品所带来的综合效益大于生产劣质有害或不合格食品所带来的效益时，企业才会做出生产优质安全或合格食品的理性选择。这里借鉴"质量成本"的定义，供应链环境下的食品质量安全风险投资应包括三部分：风险预防性投资、风险评估性投资和风险补救性投资（或称风险处理性投资）。风险预防性投资是指专门用于确保食品在生产、加工、交付和服务过程中不出现食品质量安全风险的支出；风险评估性投资是指专门针对生产加工食品各环节质量安全风险状态进行检测或评价的支出；风险补救性投资是指食品在送达下游客户或最终消费者之前发现风险问题而进行处理补救的支出。

为便于分析，假定食品供应链联盟中只有一个上游食品供应商和一个下游食品制造商并进行风险投资博弈。食品供应商与制造商都是有限理性的，它们通常会考虑长期合作，在多次博弈过程中，通过持续模仿、学习并根据对方的策略选择来不断调整其自身行为策略直至达到一个稳定均衡为止。食品供应商和制造商的行为策略空间为（进行风险达标投资，不进行风险达标投资），即（合作 D，不合作 N）。食品质量安全风险投资成本主要包括正常社会生产经营条件下为达到食品质量安全标准而追加的对采购食材进行质量安全检测、购建自检设施设备、质量安全追溯体系建设、专门人工成本和管理费、不合格品的处理以及各种专业冷链物流设备设施购建与运行等支出。食品质量安全风险投资收益主要包括因质量安全性提高而产生的食品价格上涨、市场销售量增加、节约生产劣质有害食品罚款或赔偿、生产优质安全食品的补贴以及减少不合格品退货损失等所带来的直接经济收益。通常只有当食品质量安全风险投资收益不小于投资成本时，食品供应链各节点企业才会有主动采取投资行为的动力。具体研究假设如下：

假设 1：食品供应链质量安全风险水平随风险投资额的增加而降低。食品供应链上游供应商环节的风险仅由其自身产生，而食品供应链下游制造商环节的风险则由其自身产生的风险和上游供应商传导下来的风险两部分构成。若食品供应商与制造商都不进行食品质量安全风险投资且无政府干预，则其质量安全风险投资的初始净收益均为 0。若食品供应商与制造商根据合作契约都进行食品质量安全风险达标投资，则食品质量安全水平提高，食品市场价格和需求量也将会随之增加，此时食品供应商与制造商的风险投资收益分别为 $\alpha fI - fI$、$\beta(1-f)I - (1-f)I$，其中 α 为食品供应商质量安全风险投资投入产出比，表示供应商进行质量安全风险投资增加的收入与投资额的比值；β 为食品制造商质量安全风险投资投入产出比，表示制造商进行质量安全风险投资增加的收入与投资额的比值；I 为食品供应商与制造商产出的食品达到规定质量安全标准时需要投入的总风险投资；$f(0 \leqslant f \leqslant 1)$ 为食品供应商进行质量安全风险调控的投资成本分担系数；$1-f$ 则为制造商承担的食品质量安全风险投资成本的分担系数。

假设 2：当只有食品供应商独自进行质量安全风险达标投资时，它的风险投资保证了食品原材料的质量安全，并可以在一定程度上提高最终食品的质量安全水平，食品市价和需求量会随之提高，于是食品供应商的风险投资收益为 $\alpha fI - fI$。而此时食品制造商则由于自己的"搭便车"行为也获得了比原来不进行风险投资时更多的收益 Tm。当只有食品制造商进行质量安全风险达标投资时，它的投资保证了最终食品生产加工的质量安全，市场价格和需求量也会随之提高。同时考虑到此时制造商不仅要负责本身生成风险的投资成本，还要承担从上游供应商传导下来的风险的防控投资成本。这时总投资为 $(1+\lambda)(1-f)I$，于是制造商风险投资收益为 $\beta(1+\lambda)(1-f)I - (1+\lambda)(1-f)I$，其中 λ 为供应链整体食品质量安全风险传导治理投资协调系数，表示下游制造商为治理上游供应商传导风险达到质量安全标准要求的风险投资额占制造商本身生成风险的调控投资 $(1-f)I$ 的比例，λ 值越小，表示食品供应链上游供应商传递风险越少或下游制造商治理传导风险的效率越高，供应链整体质量安全风险调控的协调性也越高。此时食品供应商由于其"搭便车"行为而获得的额外收益设为 Ts。

假设 3：食品供应链节点企业可能选择"搭便车"而不进行质

量安全风险投资，为了减少"搭便车"等不进行风险投资的动机与行为给消费者和社会带来的不良影响，政府应建立并实行惩罚机制迫使企业进行必要的风险投资。食品供应商或制造商只要不进行食品质量安全风险达标投资就会受到政府一定惩罚概率下的罚款，政府监管者对食品供应商和制造商的期望罚款额均设为 M。由于食品供应链节点企业的质量安全风险投资具有显著的正外部性，为减轻企业进行风险投资的成本压力，政府及受益者可以通过构建补贴机制的方式引导和激励企业进行食品质量安全风险投资。设对食品供应商或制造商给予风险投资的补贴率为 $K(0 \leq K \leq 1)$，则食品供应商和制造商在上述不同情况下最终可获得的风险投资收益分别为 $\alpha fI - fI + kfI$、$\beta(1-f)I - (1-f)I + k(1-f)I$ 以及 $(\beta + K - 1)(1 + \lambda)(1 - f)I$。

食品供应商和制造商可以随机独立地选择风险投资策略，并在多次重复博弈中达到阶段性均衡。食品供应商进行风险达标投资的概率为 $p(0 \leq p \leq 1)$，则不进行风险达标投资的概率为 $1 - p$；食品制造商进行风险达标投资的概率为 $q(0 \leq q \leq 1)$，则不进行风险达标投资的概率为 $1 - q$。

上述所有参数的取值均为非负。根据上面的假设，可建立博弈收益矩阵，如表 5-1 所示。

表 5-1　　食品供应商和食品制造商的博弈收益矩阵

厂商选择		制造商	
		$D(q)$	$N(1-q)$
供应商	$D(p)$	$(\alpha - 1 + K)fI$, $(\beta - 1 + K)(1-f)I$	$(\alpha - 1 + K)fI$, $Tm - M$
	$N(1-p)$	$Ts - M$, $(\beta + K - 1)(1 + \lambda)(1-f)I$	$-M$, $-M$

5.1.2　食品供应链中供应商和制造商风险投资行为的博弈分析

下面分析求解上述博弈矩阵混合策略的纳什均衡。此处以 U_s 和 U_m 分别表示食品供应商和制造商的期望效用函数。

对于食品供应商来说，选择进行风险投资策略的期望效用为：

$$U_D = q(\alpha - 1 + K)fI + (1 - q)(\alpha - 1 + K)fI = (\alpha - 1 + K)fI$$

选择不进行风险投资策略的期望效用为：

$$U_N = q(Ts - M) + (1 - q)(-M) = qTs - M$$

则食品供应商混合期望效用函数为：

$$U_s = p(\alpha - 1 + K)fI + (1 - P)(qTs - M)$$

同理，食品制造商混合期望效用函数为：

$$U_m = q(\beta + K - 1)(1 + \lambda - \lambda p)(1 - f)I + (1 - q)(PTm - M)$$

对上述效用函数 U_s、U_m 分别关于 p、q 求导，得到最优化一阶条件为：

$$\partial U_s / \partial p = (\alpha + k - 1)fI + M - qT_s = 0$$

$$\partial U_m / \partial q = (\beta + k - 1)(1 + \lambda)(1 - f)I - p\lambda(\beta + k - 1)$$
$$(1 - f)I - pT_m + M = 0$$

于是可得到博弈模型的混合策略纳什均衡解为：

$$p^* = \frac{(\beta + k - 1)(1 + \lambda)(1 - f)I + M}{Tm + \lambda(\beta + k - 1)(1 - f)I} \tag{5-1}$$

$$q^* = \frac{(\alpha + k - 1)fI + M}{T_s} \tag{5-2}$$

即食品供应商以概率 p^* 选择进行风险投资，食品制造商以概率 q^* 选择进行风险投资。进一步根据对式（5-1）和式（5-2）关于相应参变量求导并经整理可以得到以下命题：

命题 1：在食品供应商和食品制造商进行质量安全风险投资的净收益均大于零的条件下，供应商风险投资概率 p 随着制造商"搭便车"行为获得的收益 Tm 增加而减少；制造商风险投资概率 q 随着供应商"搭便车"行为获得的收益 Ts 增加而减少。

证明：对式（5 - 1）和式（5 - 2）分别关于 Tm 和 Ts 求导数即可直接得到。

该命题表明，食品供应商和制造商双方在博弈过程中，一方"搭便车"行为对另一方的风险投资具有直接的抑制作用。且对方"搭便车"获得的收益越高，就意味着要求自身提供的质量安全风险投资越高，从而势必导致风险投资方的投资意愿降低，风险投资的概率下降，最终将使得食品供应链整体风险投资不足，造成供应链整体食品质量安全风险水平提高，食品质量安全性下降，甚至产生劣质有害食品。政府必须通过实施惩罚机制大幅降低博弈主体选择"搭便车"行为的总体收益。

命题 2：当 $\alpha - 1 + K > 0$ 时，食品制造商进行质量安全风险投资的概率 q 随着食品供应商质量安全风险投资成本分担系数 f 的增大而增大，即概率 q 随着食品制造商本身质量安全风险投资成本分担系数（$1 - f$）的增大而减小。

证明：对式（5 - 2）关于 f 求导可得：

$$\frac{\partial q^*}{\partial f} = \frac{(\alpha + k - 1)I}{T_s}$$

根据题设，$\alpha - 1 + K > 0$，于是有 $\frac{\partial q^*}{\partial f} > 0$，即 $\frac{\partial q^*}{\partial (1 - f)} < 0$，证毕。

该命题表明，在食品供应链质量安全风险投资总预算一定的条件下，食品供应商质量安全风险投资成本分担系数 f 越大，即意味着供应商分担的风险投资成本越多，说明供应商向下游传递的风险就越少，其进行风险投资合作的意愿也就越强，这对下游食品制造商实施风险投资策略具有直接显著的正向激励作用。此时，食品制造商进行质量安全风险投资成本不断降低，基于对追求风险投资收益、规避惩罚机制及提高声誉价值等因素的推动，制造商进行食品质量安全风险投资的合作意愿越来越强，其风险投资概率必将不断提高。对该命题进一步分析表明，食品供应链上各节点因进行风险投资的条件、能力及地位等不同，风险投资最终收益也不相同，博弈双方风险投资成本分担具有一定的互补性，风险投资效率高的一方可适当选择多投一些，而另一方则应通过合作契约给予合理必要的补贴。

命题 3：食品制造商进行质量安全风险投资的概率 q 随着政府监管者惩罚力度 M 的增加而增加；当食品制造商质量安全风险投资净收益大于零时，食品供应商进行质量安全风险投资的概率 P 也随着政府监管者惩罚力度 M 的增加而增加。

证明：首先对式（5 - 2）关于 M 求导数可直接得到：

$$\frac{\partial q^*}{\partial M} = \frac{1}{T_s} > 0$$

其次，再对式（5 - 1）关于 M 求导数可得：

$$\frac{\partial p^*}{\partial M} = \frac{1}{Tm + \lambda(\beta + k - 1)(1 - f)I}$$

由题设，$(\beta + K - 1)(1 - f)I > 0$，于是可得 $\frac{\partial p^*}{\partial M} > 0$，证毕。

该命题表明，惩罚机制对食品供应商或制造商不进行质量安全风险投资行为具有直接的震慑和抑制作用，政府惩罚力度的提高可以促进食品供应商或制造商增加风险投资意愿，提高风险投资的概率，从而有利于降低供应链整体食品质量安全风险水平，增加优质安全食品供给。

命题 4：食品制造商进行质量安全风险投资的概率 q 随着风险投资补贴率 K 的增加而增大；当 $M < (1 + \lambda)Tm/\lambda$ 时，食品供应商

进行质量安全风险投资的概率 p 也随着风险投资补贴率 K 的增加而增大。

证明：关于命题前半部分，对式（5-2）关于 K 求导并经整理可得，

$$\frac{\partial q^*}{\partial k} = \frac{fI}{T_s} > 0$$

即 q 是 K 的增函数。同样对式（5-1）关于 k 求导并经整理可得：

$$\frac{\partial p^*}{\partial k} = \frac{[(1+\lambda)T_m - \lambda M](1-f)I}{[Tm + \lambda(\beta + k - 1)(1-f)I]^2}$$

根据题设，$M < (1+\lambda)Tm/\lambda$，故 $(1+\lambda)Tm - \lambda M > 0$，于是有：$\frac{\partial p^*}{\partial k} > 0$，证毕。

该命题表明，一方面，风险投资补贴机制对食品制造商质量安全风险投资的概率具有正向影响，补贴率越高，制造商质量安全风险投资意愿越强，其风险投资概率就越大。另一方面，由于供应商基于自身利益考虑具有向下游传导食品质量安全风险的动机，在政府惩罚动力供给不足时，有效的补贴机制对供应商选择风险投资具有正向的激励作用，风险投资补贴率 K 越大，食品供应商进行质量安全风险投资的概率 p 也越大。同时表明了风险投资补贴机制对政府惩罚机制具有一定的补充与替代作用。

命题5：食品制造商进行质量安全风险投资的概率 q 随着食品供应商风险投入产出比 α 的增加而增加，且当 $M < (1+\lambda)Tm/\lambda$ 时，食品供应商进行质量安全风险投资的概率 P 随着食品制造商投入产出比 β 的增加而增加。

证明：将式（5-2）和式（5-1）中的补贴率 K 分别用 α 和 β 替换，然后证明过程同命题4即可得到。

该命题表明，供应链联盟中食品供应商和制造商双方在博弈过程中，任何一方的风险投入产出比的增加对另一方实施风险投资策

略均具有显著的相互正向激励作用。一方面，随着食品供应商风险投入产出比的增加，其风险投资的意愿必然提高，受风险投资赚钱效应与合作契约的影响，此时食品制造商将受到正向激励，倾向于提高风险投资概率。另一方面，就食品供应商而言，在制造商存在较高的"搭便车"收益的情况下，制造商若能主动放弃"搭便车"行为而转向寻求不断提高风险投入产出比，则必然会激励其提高质量安全风险投资的概率。

进一步分析可知：食品供应商和制造商质量安全风险投资收益取决于风险投入产出比和风险投资补贴率 K 的大小，且呈线性正相关，风险投入产出比与投资补贴率两个因素之间具有显著的替代性。

命题 6：在 $(\beta + K - 1)(1 - f)I < Tm - M$ 的条件下，若下游食品制造商质量安全风险投资的净收益 $(\beta + K - 1)(1 - f)I < 0$，则上游食品供应商进行质量安全风险投资的概率 P 随着风险传导治理投资协调系数 λ 的减小而增大，即供应商风险投资的概率与食品供应链整体质量安全风险投资的协调性正相关。

证明：对式（5 - 1）关于 λ 求导并经整理可得：

$$\frac{\partial p^*}{\partial \lambda} = \frac{(\beta + k - 1)(1 - f)I[T_m - (\beta + k - 1)(1 - f)I - M]}{[Tm + \lambda(\beta + k - 1)(1 - f)I]^2}$$

根据题设，由 $(\beta + K - 1)(1 - f)I < Tm - M$，$(\beta + K - 1)(1 - f)I < 0$，则有 $\frac{\partial p^*}{\partial \lambda} < 0$，证毕。

该命题表明，在食品制造商存在较高"搭便车"收益的情况下，特别是在其风险投资净收益为负值的压制下，制造商会本能地选择"搭便车"行为策略，而此时食品供应商就无法采取"搭便车"策略获得额外收益。随着 λ 值不断减小，意味着从上游供应商传递下来的质量安全风险越来越少或下游防控传导风险的效率越高，此时食品供应商基于对良好商誉和较高社会责任感的追求等因素驱动，更是为了获得自身长期较高的预期收益，经过多次重复博弈后，可通过采取与下游制造商签订产品价格补贴的合作契约或努力提高自身风险投资收益等对策，选择主动进行质量安全风险投资而不是将自身风险因素主观向下游制造商传导就应该越来越成为其优化策略，即食品供应商质量安全风险投资概率 P 就会越来越高。而食品供应商的主动风险投资行为，不仅可以直接降低整个食品供应链上的质量安全风险水平，还可能激励制造商努力改善风险投资效率进而提高其风险投资意愿。食品供应链整体质量安全风险投资协调性越高，供应商甚至制造商进行质量安全风险投资的概率就越大，食品质量安全性就越有保障。

5.1.3   算例分析

这里将利用 Matlab 软件，通过算例仿真分析来验证前面理论研究结果。根据模型参数含义及其满足的条件，不妨假定各参数的取值范围分别为：$\alpha = [0.1, 2]$，$\beta = [0.1, 2]$，$f = [0, 1]$，$I = [1, 10]$，$Ts = [0.1, 3]$，$Tm = [0.1, 3]$，$\lambda = [0.5, 2]$，$M = [0.1, 5]$，$K = [0.1, 1]$。其具体分析如下：

（1）为便于分析，设 $\alpha = 1$，$\beta = 1$，$f = 0.5$，$I = 10$，$\lambda = 1$，$M = 1$，$K = 0.1$，且 $Ts = [1.5, 3]$，$Tm = [1.5, 3]$，则 $(\beta + K - 1)(1 + \lambda)(1 - f)I + M = 2$，$\lambda(\beta + K - 1)(1 - f)I = 0.5$，$(\alpha + K - 1)fI + M = 1.5$。依据式（5-1）和（5-2），有 $p = 2/(Tm + 0.5)$，$q = 1.5/Ts$。在进行仿真分析时，用横轴分别表示 Tm 和 Ts，纵轴相对应地分别表示概率 p 和 q，于是可分别得到食品供应商和制造商进行质量安全风险投资的概率与对方"搭便车"收益之间的关系如图 5-1 所示。从图 5-1 中可以发现，当食品供应商和制造商质量安全风险投资的

净收益均大于零时，食品供应商风险投资概率是制造商"搭便车"收益的减函数，食品制造商风险投资概率是供应商"搭便车"收益的减函数，命题1得到验证。进一步分析还发现，在一定的条件和范围内，食品供应商风险投资概率大于食品制造商风险投资概率，表明在同样的"搭便车"收益情况下，食品供应商比制造商选择进行质量安全风险投资的意愿相对更强。

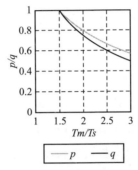

图 5 - 1 p/q 与 Tm/Ts 关系

（2）设 $\alpha = 1$，$I = 10$，$K = 0.1$，$Ts = 1$，$M = 0.5$，且 $f = [0, 0.5]$，则 $\alpha - 1 + K = 0.1 > 0$，$q = f + 0.5$。在进行仿真分析时，用横轴表示 f，纵轴表示概率 q，于是可得到食品制造商进行质量安全风险投资的概率与食品供应商质量安全风险投资成本分担系数 f 之间的关系如图 5 - 2 所示。从图 5 - 2 中可以发现，当食品供应链质量安全风险调控总投资一定时，在食品供应商进行质量安全风险投资的净收益大于零的条件下，食品制造商质量安全风险投资概率是食品供应商风险投资成本分担系数的增函数，从而表明一方风险投资成本分担比例对另一方风险投资行为具有直接的正向促进作用。由此，命题2得到验证。

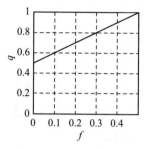

图 5 - 2　q 与 f 关系

（3）设 $\alpha = 1$，$\beta = 1$，$f = 0.5$，$I = 10$，$\lambda = 1$，$K = 0.1$，$Ts = 1$，$Tm = 1.5$，且 $M = [0.1, 0.5]$，则 $(\beta + K - 1)(1 + \lambda)(1 - f)I = 1$，$Tm + \lambda(\beta + K - 1)(1 - f)I = 2$，$(\alpha + K - 1)fI = 0.5$。依据式（5 - 1）和式（5 - 2），有 $p = 0.5M + 0.5$，$q = M + 0.5$。在进行仿真分析时，用横轴表示 M，纵轴分别表示概率 p 和 q，于是可得到食品供应商和制造商进行质量安全风险投资的概率与政府监管者惩罚力度 M 之间的关系如图 5 - 3 所示。从图 5 - 3 中可以发现，食品制造商质量安全风险投资概率是政府惩罚力度的增函数，当食品制造商质量安全风险投资净收益大于零时，食品供应商质量安全风险投资概率也是政府惩罚力度 M 的增函数，命题 3 得到验证。进一步分析发现，

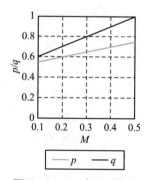

图 5 - 3　p/q 与 M 关系

在一定的条件和范围内,同样的惩罚力度,食品制造商风险投资概率大于食品供应商风险投资概率,说明食品制造商进行质量安全风险投资的意愿相对更强。

(4) 设 $\alpha=1$, $\beta=1$, $f=0.2$, $I=5$, $\lambda=1$, $M=1$, $Ts=2$, $Tm=2$, 且 $K=[0.1,\ 0.25]$, 则 $(\beta+K-1)(1+\lambda)(1-f)I+M=8K+1$, $Tm+\lambda(\beta+K-1)(1-f)I=4K+2$, $(\alpha+K-1)fI+M=K+1$。依据式 (5-1) 和式 (5-2), 有 $P=(8K+1)/(4K+2)$, $q=0.5K+0.5$。在进行仿真分析时,用横轴表示 K,纵轴分别表示概率 p 和 q,于是可得到食品供应商和制造商进行质量安全风险投资的概率与风险投资补贴率 K 之间的关系如图 5-4 所示。从图 5-4 中可以发现,食品制造商质量安全风险投资概率是风险投资补贴率的增函数,且在满足 $M<(1+\lambda)Tm/\lambda$ 的条件下,食品供应商质量安全风险投资概率也是风险投资补贴率的增函数,可见有效的风险投资补贴机制对食品制造商和供应商进行质量安全风险投资具有直接正向的激励作用,命题 4 得到验证。进一步分析发现,在一定的条件和范围内,同样的补贴强度下,食品供应商风险投资概率大于食品制造商风险投资概率,表明食品供应商选择进行质量安全风险投资的意愿更强。

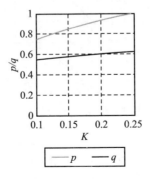

图 5-4　p/q 与 K 关系

（5）设 $f = 0.5$，$I = 10$，$\lambda = 1$，$M = 1$，$K = 0.2$，$Ts = 1$，$Tm = 1$，且 $\alpha = [0.6, 0.8]$，$\beta = [0.7, 0.8]$，则 $(\beta + K - 1)(1 + \lambda)(1 - f)I + M = 10\beta - 7$，$Tm + \lambda(\beta + K - 1)(1 - f)I = 5\beta - 3$，$(\alpha + K - 1)fI + M = 5\alpha - 3$。依据式（5-1）和式（5-2），有 $P = (10\beta - 7)/(5\beta - 3)$，$q = 5\alpha - 3$。在进行仿真分析时，用横轴分别表示 α 和 β，纵轴相对应地分别表示概率 q 和 p，于是可得到食品供应商和制造商进行质量安全风险投资的概率与对方风险投入产出比之间的关系如图 5-5 所示。从图 5-5 中可以发现，食品制造商质量安全风险投资概率是食品供应商风险投入产出比的增函数，且在满足 $M < (1 + \lambda)Tm/\lambda$ 条件下，食品供应商质量安全风险投资概率是食品制造商投入产出比的增函数，表明任何一方的风险投资效益对另一方实施风险投资策略均具有显著的正向激励作用，命题 5 得到验证。进一步分析发现，在一定范围内，同样的风险投资收益率下，食品制造商风险投资概率大于食品供应商风险投资概率，说明食品制造商进行质量安全风险投资的意愿比食品供应商相对更强。

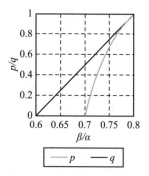

图 5-5　p/q 与 β/α 关系

（6）设 $\beta = 0.4$，$f = 0.8$，$I = 10$，$M = 3$，$K = 0.1$，$Tm = 3$，且 $\lambda = [0.5, 2]$，则 $(\beta + K - 1)(1 + \lambda)(1 - f)I + M = 2 - \lambda$，$Tm + \lambda(\beta + K - 1)$

$(1-f)I=3-\lambda$。依据式 (5-1)，有 $p=(2-\lambda)/(3-\lambda)$。在进行仿真分析时，用横轴表示 λ，纵轴表示概率 p，于是可得到食品供应商进行质量安全风险投资的概率 p 与 λ 之间的关系如图 5-6 所示。从图 5-6 中可以发现，在满足 $(\beta+K-1)(1-f)I<Tm-M$ 的条件下，当食品制造商质量安全风险投资的净收益为负时，食品供应商质量安全风险投资概率是食品供应链风险传导治理投资协调系数的减函数，表明食品供应商风险投资的概率与食品供应链整体质量安全风险投资的协调性呈正相关，努力提高食品供应链整体质量安全风险投资的协调性，是保障最终食品质量安全性，增加优质安全食品供给的重要途径。命题 6 得到验证。

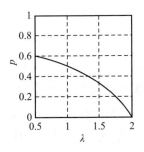

图 5-6 p 与 λ 关系

5.1.4 小结与建议

食品供应链作为一个契约合作联盟，其上各节点企业构成了一个利益共同体，每个节点企业是否愿意进行食品质量安全风险投资不仅由企业自身风险投资收益因素决定，还取决于食品供应链上各利益关联主体行为的协同激励。以博弈论为基本分析工具，探究了食品供应商与制造商质量安全风险投资概率变动的关键影响因素及其投资行为优化策略。结果表明：食品供应商和制造商质量安全风险投资的概率与风险投资收益、政府惩罚力度、投资补贴率、投资成本分担比例以及"搭便车"收益等因素之间存在着密切稳定的均衡关系。在一定条件下，食品供应商与食品制造商博弈双方中的一方选择进行食品质量安全风险投资的概率是政府惩罚力度和投资补贴率的增函数；是另一方风险投入产出比和投资成本分担系数的增函数，是"搭便车"收益的减函数，且风险投入产出比与投资补贴率之间具有一定的替代性。食品质量安全风险投资的市场失灵需要政府监管者的介入，建立并实施有效的惩罚机制和补贴机制来激励食品供应链上各节点企业进行持续的风险投资，风险投资补贴机制对惩罚机制具有良好的补充作用。科学合理界定食品供应商与制造商质量安全风险投资成本分担比例，对于促进风险投资合作至关重要。食品供应链质量安全风险传导治理投资的协调性对上游食品供应商质量安全风险投资决策具有重要影响，食品供应商进行质量安全风险投资的概率是风险传导治理投资协调系数的减函数，即食品供应商风险投资的概率与食品供应链整体质量安全风险投资的协调性正相关。食品质量安全风险问题的根本解决途径就是要加强食品供应链联盟中各利益主体进行质量安全风险防控协同投资。

为有效提高食品供应商和食品制造商进行质量安全风险投资合作的积极性，降低供应链中食品质量安全风险，促使广大食品企业生产优质安全食品，可着重考虑以下对策建议：

一是以寻求食品质量安全风险投资博弈协调优化均衡解为导向，加快形成食品供应商、食品制造商和政府监管等多方合作的博弈格局。将食品质量安全风险投资合作契约和激励机制嵌入食品供应链各节点企业，合理界定食品供应链中供应商与制造商进行质量安全风险投资成本分担比例，促进风险投资合作进而抑制食品供应链整体质量安全风险。构建有效的惩罚机制与补贴机制，食品企业的逐利本性使其缺乏为生产优质安全食品而进行质量安全风险调控投资的动力，政府等主要干系人不仅应建立相应的食品质量安全风险调控投资的惩罚机制与补贴机制，而且应根据食品供应商和制造商均选择进行质量安全风险投资合作策略的最低惩罚力度和最低补贴标准水平，保持惩罚机制与补贴机制的有效力度，使食品供应链中供应商和制造商进行质量安全风险投资获得的净收益不低于各自采取"搭便车"行为获得的净收益，促使企业自觉选择食品质量安全风险投资合作成为博弈双方的最优化策略。

二是创新食品质量安全风险监管与防控模式，促进风险调控投资合作。加强食品质量安全风险投资声誉机制创新设计，考虑成立国家、省、市层面分级第三方认证与检测诚信联盟，引入第三方监管主体，使选择进行食品质量安全风险投资的守信企业的质量声誉价值及时足额得到市场认同，并转化为相对应的食品质量安全风险投资收益，大幅削减不进行食品质量安全风险投资者的机会收益。建造一系列标准化的优质安全食品生产基地，积极引导诚信企业进入基地开展生产经营，以增加优质安全食品的有效供给。同时，构建互联网+食品质量安全信息平台，促进食品供应链联盟企业质量安全风险信息的公开透明和有效共享，这不仅可以增加食品供应链成员企业之间的互信与诚信，提升成员企业的法律、责任、安全和自律意识，还可以降低食品质量安全风险防控投资成本，提高风险投资效率。通过有效的惩罚机制、补贴机制和声誉机制等组合激励，在迫使食品供应链上游供应商主动倾向于减少传导风险的基础上，鼓励下游食品制造商努力提高自身防控传导风险的能力与效率，从而提高食品质量安全风险传导治理投资的协调性，降低食品供应链整体质量安全风险。

三是促进政府和食品供应链企业合作投资共建食品可追溯体系。食品可追溯体系可实现对食品的生产、加工、流通等环节的全过程监控和追溯，是降低食品质量安全风险发生概率的关键，而食品可追溯体系建设成本是食品供应链企业选择合作投资博弈的主要障碍。①政府要切实承担起食品可追溯体系建设与实施的主体职责，加强监管，为食品质量安全构筑坚固屏障。政府应加快制定与完善食品可追溯体系的相关法律法规及标准体系，主导推动企业自觉参与食品可追溯体系建设。充分利用互联网技术，尽快搭建全国范围内统一规范的信息平台，大力推介质量安全食品，使未参与可追溯体系的企业食品无法进入流通环节。为此，政府可通过直接投入、财政补贴和税费减免等措施，激励食品企业与政府合作投资建立食品可追溯体系。同时，政府还要切实加强监管，合理加大对违法违规者的惩处力度，保证食品可追溯体系的有效运行。②企业要自觉进行食品可追溯体系建设投资。食品企业承担着食品质量安全的主体责任，企业进行可追溯体系建设是防控食品质量安全风险的重要手段。实践证明，食品企业选择合作投资建设可追溯体系，不仅可以提高按照食品质量安全要求进行生产经营的自律性，还可以享受到政府给予的优惠政策支持，规避惩罚，提升投资经济效益和社会声誉。因此，食品供应链节点企业应积极开展食品可追溯体系建设投资合作，自觉地严格执行国家食品安全标准和要求，在为消费者提供优质安全食品的同时，实现自身健康持续发展。③抓好广大消费者的引导和宣传工作。消费者只有充分认识食品可追溯体系的作用和运作方式，可追溯体系才能真正发挥食品质量安全的屏障作用。为此，要通过各类传播媒体在全社会营造良好的宣传氛围，加大食品可追溯体系和食品质量安全相关知识的宣传力度，建立定期公布食品可追溯体系建设的企业信息和产品信息制度，完善消费者监督表达和举报机制，充分发挥消费者的关键监督作用，从而不断提高食品质量安全水平。

理论和实践证明，只要政府进行有效干预，食品供应链联盟建

立起良好的创新合作协调机制，则食品质量安全风险投资博弈双方
选择的优化稳定策略最终可以达到（D，D）。

5.2　供应链环境下食品质量安全风险防控

5.2.1　食品生产者、消费者与政府监管者动态博弈分析

为了有效地控制食品质量安全风险，不仅要对食品供应链各环
节的质量安全风险进行控制，还要对食品供应链相关利益主体之间
的食品质量安全风险进行调控。食品供应链上相关利益主体，即上
下游企业、消费者以及政府监管部门等，都会追求自身效益最大
化，在各个主体间发生相关关系时，相互之间存在显著的博弈关
系。因此，本节将主要探讨食品生产者与消费者之间以及食品生产
者与政府监管部门之间的博弈关系。

1. 供应链环境下食品生产者与消费者的动态博弈

（1）理论模型假设。

假设一：食品生产者作为具有独立经济利益的主体，其追求的
目标是利润最大化。为了实现这一目标，在缺乏有效监管的情况
下，生产者表现为制造伪劣食品。而消费者追求的目标是自身效用
的最大化，即从消费过程中获得最大程度的满足感。

假设二：假设食品生产者先行动，然后消费者再行动，即生产
者生产出伪劣食品或不生产伪劣食品之后，消费者再做出举报或不
举报的行动。

假设三：假设为了控制食品生产加工过程中添加有害投入品、

要素施用量不当和使用不合格原料等产生食品质量安全风险的关键影响因素，食品生产者对内进行质量监控。当进行质量监控时，食品生产者选择不会生产伪劣产品；而不进行质量监控时，选择生产伪劣产品。其中，质量监控的成本设为 $C_0(C_0 > 0)$。

假设四：在整个动态博弈过程中，博弈的双方会因为每一组的策略选择而产生不同的所得或所失的结果，即得益：

①食品生产者在不生产伪劣食品、消费者不举报的情况下，生产者的得益是从事合法生产经营所赚取的利润为 $R - C_0$，其中 R 为生产者正常合法生产经营中获得的收益；消费者的得益为在食品消费过程中获取的效用 U。

②食品生产者在不生产伪劣食品、消费者举报的情况下，生产者的得益为其从事合法生产经营所赚取的利润为 $R - C_0$；消费者的得益为 $U - C$，其中是 C 指消费者在进行举报过程中所支付的成本。

③食品生产者生产伪劣食品、消费者不举报的情况下，生产者的得益 $R + \Delta R$，其中 ΔR 是指食品生产者在生产伪劣食品时所获得的超额利润（$\Delta R > 0$）；消费者的得益为 $U - \Delta U$，其中 ΔU 是指消费者因消费伪劣食品而导致的效用损失。

④食品生产者在生产伪劣食品、消费者举报的情况下，生产者的得益为 $R + \Delta R - p \times L$，其中 p 指生产者生产伪劣产品行为被监管部门惩罚的概率，L 指生产者被监管部门惩罚而受到的损失。此时，消费者的得益为 $U - \Delta U - C + q \times F$，其中 F 指举报成功后得到的赔偿，q 指消费者得到赔偿的概率。

根据以上假设，可以得出如图 5 - 7 所示的博弈树。

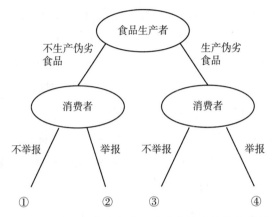

图 5 - 7　食品生产者与食品消费者的动态博弈模型

由图 5 - 7 可知，博弈树中 4 个终点，分别用①、②、③、④标注。其中，①表示食品生产者不生产伪劣食品，并进行内部控制，消费者同时也不举报；②表示食品生产者不生产伪劣食品，并进行内部控制，但消费者选择举报；③表示食品生产者生产伪劣食品，消费者并不举报；④表示食品生产者生产伪劣食品，消费者进行举报。

博弈树中各节点的收益值分别为：

① $(R - C_0, U)$

② $(R - C_0, U - C)$

③ $(R + \Delta R, U - \Delta U)$

④ $(R + \Delta R - p \times L, U - \Delta U - C + q \times F)$

（2）分析。

从图 5 - 7 可知，在生产者不生产伪劣食品时，消费者举报时所得的收益要比不举报的时候少，所以消费者倾向于不举报，这是一种理想的市场状态，即纳什均衡。

运用逆推归纳法，可以将以上最终值分为两种进行分析：

①若 $U - \Delta U > U - \Delta U - C + q \times F$，则能确定消费者的选择是不

举报，由于信息是对称的，生产者能够确认消费者的选择是不举报，对于生产者的选择，因 $R + \Delta R > R - C_0$，即生产者生产伪劣产品获得的利润大于生产者从事合法生产经营所赚取的利润时，生产者必然会选择生产伪劣食品，这种情况，生产者与消费者之间博弈的纳什均衡为（生产伪劣产品，不举报）。

②若 $U - \Delta U < U - \Delta U - C + q \times F$，消费者的选择是举报，由于消息是对称的，生产者能确认消费者的选择是举报，厂商会在 $R - C_0$ 与 $R + \Delta R - p \times L$ 之间选择。

若 $R - C_0 < R + \Delta R - p \times L$，即 $- C_0 < \Delta R - p \times L$ 时，生产者选择生产伪劣食品，在这种情况下，生产者与消费者之间博弈的纳什均衡为（生产伪劣食品，举报）；

若 $R - C_0 > R + \Delta R - p \times L$，即 $- C_0 > \Delta R - p \times L$ 时，生产者选择不生产伪劣食品，在这种情况下，生产者与消费者之间博弈的纳什均衡为（不生产伪劣食品，举报）。

（3）小结。

①消费者是否选择举报行为与其净收益有关，由 $- C + q \times F$ 的正负决定，即与举报行为所产生的成本 C、举报成功的概率 q 以及赔偿额度 F 有关。

②生产者是否生产伪劣食品不仅与消费者举报与否有关，而且与自己所获得的净收益有关：消费者不举报时，因 $R + \Delta R > R - C_0$，则生产者生产伪劣食品。消费者举报时，若 $R - C_0 < R + \Delta R - p \times L$，生产者会选择生产伪劣食品；若 $R - C_0 > R + \Delta R - p \times L$，生产者则不会生产伪劣食品。

由此可见，食品生产者生产伪劣食品与否与质量监控 C_0、生产者生产伪劣产品获得的超额利润 ΔR、生产者生产伪劣产品行为被监管部门惩罚的概率 p、生产者被监管部门惩罚而受到的损失 L 有关。因此，食品生产者的策略选择除了受自身监控成本的影响外，还受到政府监管惩罚力度和频度的影响。

2. 供应链环境下食品监管部门与食品生产者的动态博弈

（1）理论模型假设。

假设一：政府监管部门和食品生产者属于独立利益主体，它们分别追求自身效用的最大化。其中，政府监管部门追求社会效益最大化，同时监管行为是有成本的；而食品生产者追求的是利润最大化。

假设二：博弈参与者双方的策略选择是先后依次进行的，而且后选择的策略者能够看到之前选择者的策略。

假设三：在整个动态博弈过程中，博弈的双方会因为每一组的策略选择而产生不同的所得或所失的结果，即得益：

①食品监管部门履行监管职责，监管成本为 $C_1(C_1 > 0)$，概率为 $P_1(0 \leqslant P_1 \leqslant 1)$；同时获得的效益为 $R_1(R_1 > 0)$；相反地，食品监管部门不履行监管职责，概率为 $(1 - P_1)$，而且由于食品生产者生产伪劣食品，政府公信力下降，从而付出成本 $C_2(C_2 > 0)$。

②如果食品生产者重视增加食品质量安全风险方面的投入（假设不考虑企业进行正常质量安全投入对产品价格和销售量的影响，即正常投入初始净收益为0），为此付出成本 $C_3(C_3 > 0)$，概率为 $P_2(0 \leqslant P_2 \leqslant 1)$；相反地，如果食品生产者为了节约成本而生产伪劣食品，获得超额利润 $R_2(R_2 > 0)$，概率为 $(1 - P_2)$。但是如果被食品监管部门发现将会惩罚 $C_4(C_4 > 0)$。

③如果食品监管部门滥用职权，概率为 $P_3(0 \leqslant P_3 \leqslant 1)$，在这种情况下，若食品生产者行贿 αC_4（$0 < \alpha < 1$，因为只有行贿金额小于惩罚金额时，食品生产者才有行贿的动力），此时食品监管部门获得收入 αC_4，概率为 $P_4(0 \leqslant P_4 \leqslant 1)$；若食品生产者不行贿，滥用职权的监管部门就会采取罚款，收取罚金 βC_4（$\beta > 1$，因为食品生产者没有行贿，监管者滥用职权的罚款大于不滥用职权时的罚款金额）。

然而由于滥用职权会降低政府的公信力，将付出成本 C_5。

④食品监管部门不滥用职权的概率为 $(1-P_3)$，在这种情况下，监管部门会主动上交贿金 αC_4 以及罚款 C_4，那么上级部门会给予上缴贿金和罚款的监管部门激励 $\kappa(\alpha C_4+C_4)$，$0<\kappa<1$；同时政府公信力提高，获得收益 $R_3(R_3>0)$。

⑤如果监管部门不监督，食品企业也不重视食品质量安全，从长期看，企业的形象会受损 $C_6(C_6>C_4)$。

根据以上假设，可以得出如图 5-8 所示的博弈树。

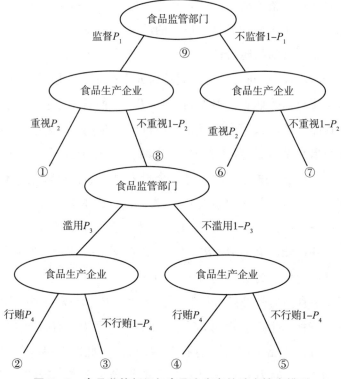

图 5-8　食品监管部门与食品生产者的动态博弈模型

由图 5 - 8 可知，博弈树中有七个终点，分别用①~⑦标注，其中，⑨标注是整个博弈的起点，⑧标注子博弈的起点。①表示监管部门履行自己的职责，认真监管，食品生产企业也非常重视食品质量安全问题；②表示监管部门进行监管，而食品生产企业不重视质量安全生产时，监管部门滥用权力，食品生产企业选择行贿；③表示监管部门进行监管，而食品生产企业不重视质量安全生产时，监管部门滥用权力，食品生产企业不选择行贿；④表示监管部门进行监管，而食品生产企业不重视质量安全生产时，监管部门不滥用权力，食品生产企业选择行贿；⑤表示监管部门进行监管，而食品生产企业不重视质量安全生产时，监管部门不滥用权力，食品生产企业不选择行贿；⑥表示监管部门玩忽职守，没有进行监管，企业重视食品质量安全生产；⑦表示监管部门没有进行监管，企业也不重视食品质量安全生产。

博弈树中各节点的收益值分别为：

① $(R_1 - C_1, \ -C_3)$

② $(R_1 - C_1 + \alpha C_4 - C_5, \ R_2 - \alpha C_4 - C_6)$

③ $(R_1 - C_1 + \beta C_4 - C_5, \ R_2 - \beta C_4 - C_6)$

④ $(-C_1 + \kappa(\alpha C_4 + C_4) + R_1 + R_3, \ R_2 - \alpha C_4 - C_4 - C_6)$

⑤ $(-C_1 + \kappa C_4 + R_1 + R_3, \ R_2 - C_4 - C_6)$

⑥ $(-C_2, \ -C_3)$

⑦ $(-C_2, \ R_2 - C_6)$

⑧ $(E_{11}, \ E_{12})$

⑨ $(E_{21}, \ E_{22})$

（2）模型的建立。

采用逆向回归法求此动态博弈问题的均衡解。首先计算⑧的收益期望值：

$$E_{11} = P_3 P_4 (R_1 - C_1 + \alpha C_4 - C_5) + P_3 (1 - P_4)(R_1 - C_1 + \beta C_4 - C_5)$$
$$+ P_4 (1 - P_3)(-C_1 + \kappa(\alpha C_4 + C_4) + R_1 + R_3)$$
$$+ (1 - P_4)(1 - P_3)(-C_1 + \kappa C_4 + R_1 + R_3)$$
$$E_{12} = P_3 P_4 (R_2 - \alpha C_4 - C_6) + P_3 (1 - P_4)(R_2 - \beta C_4 - C_6)$$
$$+ P_4 (1 - P_3)(R_2 - \alpha C_4 - C_4 - C_6)$$
$$+ (1 - P_4)(1 - P_3)(R_2 - C_4 - C_6)$$

求解上面两式的纳什均衡得：

$$\frac{\partial E_{11}}{\partial P_3} = P_4 (R_1 - C_1 + \alpha C_4 - C_5) + (1 - P_4)(R_1 - C_1 + \beta C_4 - C_5)$$
$$- P_4 (-C_1 + \kappa(\alpha C_4 + C_4) + R_1 + R_3)$$
$$- (1 - P_4)(-C_1 + \kappa C_4 + R_1 + R_3) = 0$$

于是有：

$$P_4^* = \frac{kC_4 + R_3 + C_5 - \beta C_4}{\alpha C_4 - \beta C_4 - k\alpha C_4}$$

$$\frac{\partial E_{12}}{\partial P_4} = P_3 (R_2 - \alpha C_4 - C_6) - P_3 (R_2 - \beta C_4 - C_6) + (1 - P_3)$$
$$(R_2 - \alpha C_4 - C_4 - C_6) - (1 - P_3)(R_2 - C_4 - C_6) = 0$$

有：$P_3^* = \dfrac{\alpha}{\beta}$

同理可以得出：

$$P_2^* = \frac{E_{11} + C_2}{E_{11} + C_1 - R_1}$$

$$P_1^* = \frac{R_2 + C_3 - C_6}{R_2 - E_{12} - C_6}$$

（3）结论分析。

由 $P_1^* = \dfrac{R_2 + C_3 - C_6}{R_2 - E_{12} - C_6}$ 可知，食品监管部门的监管概率 P_1^* 与企业生产伪劣食品的超额利润 R_2、生产安全食品成本 C_3、企业长期形

象损失 C_6 以及期望值 E_{12}^* 有关。

由 $P_2^* = \dfrac{E_{11} + C_2}{E_{11} + C_1 - R_1}$ 可知，食品生产者生产安全食品的概率 P_2^* 与期望值 E_{11}^*、取得政府公信力提高的收益 R_1、不监管造成的政府公信力下降成本 C_2 以及监管部门进行监管的成本 C_1 有关。

由 $P_3^* = \dfrac{\alpha}{\beta}$ 可知，食品监管部门滥用职权的概率 P_3^* 与生产伪劣食品企业行贿额与正常罚金的比例 α、滥用职权处罚额与正常罚金的比例 β 有关。

由 $P_4^* = \dfrac{kC_4 + R_3 + C_5 - \beta C_4}{\alpha C_4 - \beta C_4 - k\alpha C_4}$ 可知，食品生产者生产伪劣食品时行贿的概率 P_4^* 与滥用职权损失的政府公信力 C_5、监管部门不滥用职权提高的政府公信力收益 R_3、上级部门给予的奖金比例 k、罚金 C_4、生产伪劣食品企业行贿额与正常罚金的比例 α、滥用职权处罚额与正常罚金的比例 β 有关。

3. 对策建议

（1）加大政府监管力度，严惩违规食品生产企业。

加大政府监管部门对食品安全检查的执法力度，增大食品生产企业生产劣质食品的机会成本，能有效控制食品质量安全事件的发生。政府监管部门对食品生产者生产劣质食品的处罚力度越大，食品生产者就越不会生产劣质食品，因此，食品生产者生产劣质食品的概率随着监管部门的监管力度的增加而减小，同时，食品生产者进行行贿行为的概率也会降低。

但是，并不是监管力度和惩罚力度越大越好，因为加大政府监管力度和提高食品生产企业生产劣质食品的惩罚力度都需要付出一定的成本，因此，这就需要根据地区、部门的具体情况寻找合适的平衡点，以达到控制食品质量安全风险的优化效果。

（2）提高监督管理效率，降低监管成本。

健全食品质量安全规制结构的再监督机制，相关部门制定更加完善的法律规章制度，严格规范政府的监管工作，同时，也可以发挥社会性组织或食品行业协会的作用，让它们积极参与食品质量安全规章制度的制定，对政府监管工作产生助力作用。

监管部门内部问责制度。若因政府监管部门在监管时玩忽职守，导致食品质量安全事故发生的，上级部门应该严格追究相关部门的责任，同时，加大责任追究的处罚，对滥用职权、越职、推诿责任等情况的要依规严肃处理，严重者追究刑事责任。

完善食品质量安全工作绩效评估指标体系，将辖区食品质量安全状况与地方政府的工作绩效挂钩，加强食品质量安全的监管，做好本职工作。从而提高监管效率，降低了监管成本。

（3）降低举报成本，加大举报保护力度。

加大对受害消费者的赔偿力度。只有落实《食品安全法》中有关十倍赔偿规定，即"生产不符合食品安全标准的食品或销售明知是不符合食品安全标准的食品，消费者除要求赔偿损失外，还可以向生产者或销售者要求支付价款十倍的赔偿金"，才能提高消费者举报积极性。

对于食品质量安全违法违纪行为的举报，极有可能招致报复行为。因此，构建举报受理的保密制度，即对举报者的个人信息予以保密的制度，是必须的。同时，受害者所遭受损失赔偿应该采取连带责任制，即与受害人遭受损害的所有人都应该承担赔偿责任。

（4）加强企业责任与内部监控，建立社会信用制度体系。

食品质量安全事件的频繁发生，不仅与政府部门监管缺失密切相关，更是由于食品企业的道德与责任意识低下导致的。我国消费者的食品质量安全意识一直较弱，对于目前食品质量安全的形势也持悲观态度。当碰到食品质量安全问题时，大多数消费者都会选择隐忍，而不是向消费者协会或相关监管部门投诉，从而导致了我国食品质量安全问题屡次发生。

有害投入品、要素施用量不当、不合格原料、人员环境不卫生和加工程序不当是供应链背景下食品质量安全风险发生的关键影响因素，也是食品生产企业在生产和加工过程中容易出现问题的地方。因此，加强食品质量安全生产的内部监控，能够有效控制食品质量安全风险的生成。同时，树立企业食品质量安全的意识，通过宣传提升食品生产企业及员工的道德感和社会责任感，杜绝生产劣质产品或存在的侥幸心理，真正做到诚信经营、质量至上、安全第一。

完善社会信用制度体系建设。对于政府监管部门，监管和不滥用职权的政府公信力获益越多，玩忽职守和滥用权力的政府公信力损失就越大；对于食品生产企业，长期生产劣质产品，会使企业的社会形象受损，从而企业获得的相对收益越小，不利于企业可持续发展。

（5）增加媒体舆论监督作用。

增加媒体的舆论监督作用，有利于提高劣质食品流向市场被曝光的概率，因为目前很多食品质量安全问题都是通过媒体曝光之后引起社会各方重视的。劣质食品被曝光的概率越大，劣质食品生产企业的期望收益就会越低，使得企业会作出选择不生产劣质食品的优化决策。

5.2.2　消费替代、政府监管与食品质量安全风险分析

由于食品具有"经验品"和"信任品"的特性，其存在的质量安全问题往往需要通过实际消费之后才能显现和认知。周早弘

（2009）认为食品质量安全不仅仅是政府和市场就能解决的，消费者也应该参与进来，通过博弈分析显示：政府对不良企业的惩罚越大，对公众的举报响应概率越大，就越能减少食品质量安全事故的发生。靳明等（2015）通过借鉴人口迁徙推拉理论中的 PPM 模型，构建了食品安全事件影响下的消费替代意愿模型，认为频发的食品安全事件不仅会使消费者产生品牌转换意愿，而且会在品牌转换意愿的基础上产生溢出效应，并使消费者产生品类替代意愿。金（Jin，2014）通过实证研究指出，虽然消费者认为消费问题食品是有风险的，但如果没有合适的替代品以改变他们的饮食习惯，其可能不会改变原有的消费模式。进一步研究表明，不同地区的替代食品存在差异性，在厂商和消费者之间具有食品网络替代值的不一致，使替代食品网络产生了不均衡的替代，不同地区的食品替代性也会由于消费者对企业的态度不同而体现出较大差异（Constanza et al.，2015；Jane et al.，2016）。基于此，本节将构建一个以食品生产商和消费者为主体、政府作为各方利益调控者的博弈模型，进一步探究供应链环境下食品质量安全风险调控中消费替代和政府监管对食品生产者和消费者优化决策的影响（晚春东等，2017）。

1. 食品生产商与消费者演化博弈模型的构建

演化博弈是在假定博弈参与方拥有有限理性的基础上，将博弈分析和动态演化分析过程结合起来的一种分析方法。由于食品生产商和消费者分别处于供应链的下游和市场交易环节，两者之间明显存在着信息不对称，并且两者所处的经营环境和交易环境也是复杂多变的，因而，我们可以合理假定在食品生产商和食品消费者的博弈中，他们都是有限理性者。为简化分析，我们不妨假定食品生产商和食品消费者都有两种策略，对于一般食品生产厂商来讲，出于获得消费者的认可以及扩大市场的目的其可以生产优质安全（H）

的产品；但对于某些食品生产商来讲，其或只看重短期利益，或是由于认为大家都在生产劣质甚至有害产品，自己生产劣质产品也无妨，进而生产劣质（L）的产品。对于食品消费者来说，其能够购买到了优质安全的产品是极好的。但是如果其购买到了劣质甚至有害的产品，由于受到对食品进行检查、举报不良厂商的损益等因素的制约，食品消费者也有两个可供选择的策略：举报（R）或者不举报（N）。由于食品具有经验品和信任品特点，消费者在消费之前并不能准确地了解食品的真实质量和安全性，因而，在此假定消费者的博弈分为两个阶段：第一阶段购买食品，并将其消费掉；第二阶段根据食品质量安全情况决定是否举报。由于这两个阶段持续的时间很短，可以认为食品生产商在这两个阶段生产以及售卖食品的质量安全状况并不会发生改变。

若厂商生产质量安全食品，则无论消费者举报与否，其在每个阶段都可以获得 R_h 的收益，因此其在两阶段可以获得的总收益为 $2R_h$；若厂商生产劣质有害食品，则会出现两种不同的情况，如果消费者在了解其所购买的食品质量安全情况之后选择举报，则其在第二个阶段和以后就不会再购买该食品。因而此厂商只能在第一阶段获得收益 R_l，但是由于消费者的举报，食品质量安全监管部门在第二阶段会对厂商进行调查，并对其违法行为进行期望值 $z'S$ 的处罚，因而此厂商可以获得的最终收益为 $R_l - z'S$，其中 z' 是指在消费者进行举报的情况下，食品监管部门对厂商的监管查处概率，S 是指按照相关规定应该对生产劣质有害食品厂商的处罚额。由于食品间具有一定的功能相似性，因而不同品牌食品之间可以进行一定的消费替代，但食品还具有异质性的特点，每种食品都有其独特性，因而对于消费者来讲，食品进行消费替代的程度是有限的，我们假定食品的消费替代因子为 λ，因而不可替代的程度为 $1 - \lambda$、$0 < \lambda < 1$。根据传统的消费理论，我们假定消费函数是线性的，不可替代程度

因子与消费量是线性相关的，此时如果消费者找不到此食品的合适替代消费品并且对此商品具有一定的消费偏好，则其就不会对厂商加以举报，但是其会调整在第二阶段对此食品的购买量为其第一阶段购买量的 $1-\lambda$ 倍。由于食品监管部门可能会对劣质有害食品生产商进行主动监管查处，且处罚额度与生产商的收益正相关，此时厂商在第一阶段获得 R_l-zS 的收益，其在第二阶段可以获得 $(1-\lambda)$ (R_l-zS) 的收益，其中 z 是指食品监管部门对生产劣质有害食品的厂商在未接到消费者举报情况下进行主动监管并查处的概率，因而，此时食品生产商可以获得的总收益为 $(2-\lambda)(R_l-zS)$。由于在现实生活中，劣质有害食品生产商获得的收益往往要远远多于优质食品生产商的收益，在此不妨假定 $R_l>2R_h$，即 $R_l-2R_h>0$。

对消费者而言，如果其购买到了质量安全的食品，在其不对厂商举报时由于在每个阶段都可以得到 U_h 的效用，因此在两阶段可以获得的总效用为 $2U_h$；但如果其对食品质量安全要求较高，且具有举报意向，其会对食品质量安全进行对比以及检测，这会使其产生 t 的成本，但这并不会影响在第二阶段对此食品的购买。因而其第一阶段获得的效用为 U_h-t，第二阶段获得的效用为 U_h，此时虽然未对厂商进行实质性举报，但其总获得的效用还是略小于 $2U_h$，实为 $2U_h-t$。如果消费者购买到了劣质有害的食品，也会出现两种不同的情况：如果消费者在第二阶段进行举报，其在第一阶段消费劣质有害产品得到的效用为 $-U_l$。由于在当今的信息社会，就消费者对食品质量安全举报这个环节，完全可以通过网络以及电话等手段进行，因而此环节的成本可以忽略不计，所以消费者进行食品质量安全对比、检测、举报的成本也为 t。食品监管部门对涉事厂商进行处罚之后，按照法律规定会给予其 π 的奖励和补偿。在此种情况下，消费者可以获得的总效用为 $-U_l-t+\pi$，$\pi>t$；如果消费者在第二阶段不对厂商进行举报，在第一阶段其获得效用为 $-U_l$，在第二阶段其

所获效用为 $-(1-\lambda)U_l$，则其可以获得的总效用为 $-(2-\lambda)U_l$。根据以上假设，可以构造博弈支付矩阵如表 5-2 所示。

表 5-2　食品生产商和消费者的博弈支付矩阵

博弈主体及策略		消费者	
		举报 $R(y)$	不举报 $N(1-y)$
生产商	优质安全 $H(x)$	$2R_h$，$2U_h - t$	$2R_h$，$2U_h$
	劣质有害 $L(1-x)$	$R_l - z'S$，$-U_l - t + \pi$	$(2-\lambda)(R_l - zS)$，$-(2-\lambda)U_l$

表 5-2 中 x 是指生产商生产优质安全食品的概率，$1-x$ 是指其生产劣质有害食品的概率，$0 \leqslant x \leqslant 1$。$y$ 是指消费者进行举报的概率，$1-y$ 是指消费者不进行举报的概率，$0 \leqslant y \leqslant 1$。通常情况下，消费者对劣质有害食品生产商进行举报时，政府食品质量安全监管部门对食品生产商的监管概率要大于消费者不举报时的监管概率，即 $z' > z$。这里我们假定消费者的举报使食品监管部门的监管处罚概率是以主动监管概率 z 为基础进行增加的，且其增加值为 Δz，不妨称其为政府监管部门对消费者举报的响应程度。因而，在消费者进行举报时食品质量安全监管部门对劣质有害食品生产商处罚的期望值为 $yz'S = y(z + \Delta z)S$。

根据博弈模型，若食品厂商生产优质安全产品，其可获得的期望收益 T_H 为：

$$T_H = y2R_h + (1-y)2R_h = 2R_h$$

若厂商生产劣质有害产品，其可获得的期望收益 T_L 为：

$$T_L = yR_l - yz'S + (1-y)(2-\lambda)(R_l - zS)$$

因此，厂商可以获得的总期望收益 E_T 为：

$$E_T = xT_H + (1-x)T_L$$

同理，若消费者选择举报策略，其可获得的期望效用 M_R 为：

$$M_R = x(2U_h - t) + (1 - x)(-U_l - t + \pi)$$

若消费者选择不举报策略，其可获得的期望效用 M_N 为：

$$M_N = 2xU_h - (1 - x)(2 - \lambda)U_l$$

因此，消费者可以获得的总期望效用 E_M 为：

$$E_M = yM_R + (1 - y)M_N$$

由此，根据马尔萨斯（Malthusian）方程（黄敏镁，2010），可得到厂商生产安全食品的复制动态方程为：

$$T_{(x,y)} = \frac{dx}{dt} = x(T_H - E_T)$$

$$= x(1 - x)[2R_h + 2zS + y\Delta zS - yzS - \lambda(1 - y)zS$$

$$- (\lambda - 1)yR_l - (2 - \lambda)R_l] \qquad (5 - 3)$$

同样的，我们也可以得到消费者选择举报策略的复制动态方程为：

$$M_{(x,y)} = \frac{dy}{dt} = y(M_R - E_M)$$

$$= y(1 - y)[(1 - x)(\pi + U_l - \lambda U_l) - t] \qquad (5 - 4)$$

根据微分方程的性质，若要使方程达到稳定则需要满足一定的条件，即若要使食品厂商和消费者的策略达到稳定状态，需要满足下列条件：

$$T_{(x,y)} = 0, \ \frac{\partial T}{\partial x} \leqslant 0 \ 或者 \ M_{(x,y)} = 0, \ \frac{\partial M}{\partial y} \leqslant 0 \qquad (5 - 5)$$

根据以上条件可以得到消费者举报策略和食品生产策略的 4 种均衡情况：$B_1 = (0, 0)$，$B_2 = (0, 1)$，$B_3 = (1, 0)$，$B_4 = (1, 1)$。并且若 $\Delta z > \dfrac{R_l - 2R_h}{S}$ 时，$B_5 = (x_0, y_0)$ 也是一种均衡情况。其中 $x_0 = \dfrac{(1 - \lambda)U_l + \pi - t}{(1 - \lambda)U_l + \pi}$，$y_0 = \dfrac{2R_l - 2R_h - zS + \lambda(zS - R_l)}{R_l - zS + \Delta zS + \lambda(zS - R_l)}$。

2. 食品生产商和消费者的动态均衡策略分析

对于演化博弈来讲，不同的初始状态会给最终的结果带来很大的变化，因此，有必要进行区别分析。当 $y = y_0$ 时，$\frac{\partial T}{\partial x} = 0$，$x$ 在 $[0，1]$ 内均可使策略处于稳定状态，如图 5 – 9（a）所示。当 $y \neq y_0$ 时，若要同时满足式（5 – 3）和式（5 – 5），则需 $x = 0$ 或 $x = 1$。因而 $x = 0$ 或 $x = 1$ 是两个稳定状态。若 $y > y_0$，则 $x = 1$ 是稳定状态。也就是说，当消费者对生产劣质有害食品的厂商举报的概率足够高时，厂商的最优动态策略就是生产优质安全食品，如图 5 – 9（b）所示。若 $y < y_0$，则 $x = 0$ 是稳定状态，也就是说当消费者对生产劣质有害食品的厂商举报的概率足够低时，厂商的最优动态策略就是生产劣质有害食品，如图 5 – 9（c）所示。

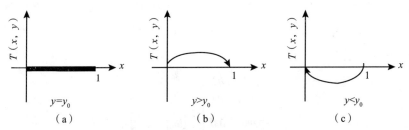

图 5 – 9　关于消费者—生产厂商的动态均衡策略

当 $x = x_0$ 时，$\frac{\partial M}{\partial y} = 0$，$y$ 在 $[0，1]$ 内均可使消费者的策略处于稳定状态，如图 5 – 10（a）所示。当 $x \neq x_0$ 时，若要同时满足式（5 – 4）和式（5 – 5），则需 $y = 0$ 或 $y = 1$。因而 $y = 0$ 或 $y = 1$ 是两个稳定状态。若 $x < x_0$，则 $y = 1$ 是稳定状态。也就是说，当厂商生产优质安全食品的概率足够低时，消费者的最优策略就是对厂商进行举报，如图 5 – 10（b）所示。若 $x > x_0$ 时，则 $y = 0$ 是稳定状态，也就是说，当厂商生产优质安全产品的概率足够高时，消费者的最优策略是不对厂商进行举报，如图 5 – 10（c）所示。

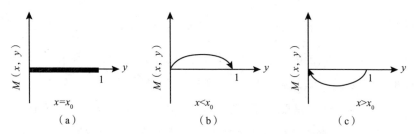

图 5 - 10   关于生产厂商—消费者的动态均衡策略

3. 基于消费替代的系统演化博弈分析

由式（5-3）和式（5-4）可以构成一个动力学系统。根据系统稳定性特点，由复制动态方程求出的均衡点并不一定是系统的演化稳定策略（ESS）。弗里德曼（Friedman，1991）提出可以根据雅可比矩阵的局部稳定性分析出演化均衡点的稳定性。用 J 表示雅可比矩阵，则有：

$$J = \begin{bmatrix} \dfrac{\partial T}{\partial x} & \dfrac{\partial T}{\partial y} \\ \dfrac{\partial M}{\partial x} & \dfrac{\partial M}{\partial y} \end{bmatrix} = \begin{bmatrix} b_{11} & b_{12} \\ b_{21} & b_{22} \end{bmatrix}$$

其中，

$$b_{11} = (1 - 2x)\left[2R_h + 2zS + y\Delta zS - yzS - \lambda(1-y)zS \right.$$
$$\left. - (\lambda - 1)yR_l - (2 - \lambda)R_l \right]$$
$$b_{12} = x(1-x)\left[(1-\lambda)(R_l - zS) + \Delta zS \right]$$
$$b_{21} = -y(1-y)(U_l - \lambda U_l + \pi)$$
$$b_{22} = (1 - 2y)\left[(1-x)(\pi + U_l - \lambda U_l) - t \right]$$

若使该均衡点为演化策略均衡点（ESS），则需此复制动态方程的平衡点满足局部稳定条件：

①$b_{11} + b_{22} < 0$，此为迹条件，记为 tr（J）。

②$b_{11}b_{22} - b_{12}b_{21} > 0$，此为值条件，记为 det（J）。

结论（1）：若 $0 < z < \dfrac{R_l - 2R_h}{2S}$，且 $\Delta z < \dfrac{R_l - 2R_h}{2S}$ 时，在任意 $0 < \lambda < 1$ 的范围内，食品生产商和消费者策略选择的演化动态趋势如图 5-11 所示。在这种情况下，根据雅可比矩阵的局部稳定性分析方法可以得到食品生产商和消费者的演化博弈均衡将趋于点 $B_2 = (0, 1)$，如表 5-3 所示。

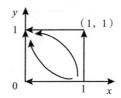

图 5-11　结论（1）系统演化相位

表 5-3　　　　　　　　结论（1）的均衡点的局部稳定性

均衡点	trJ	detJ	局部稳定性
(0, 0)		−	鞍点
(0, 1)	−	+	ESS
(1, 0)		−	鞍点
(1, 1)	+	+	不稳定点

结论（2）：若 $\dfrac{R_l - 2R_h}{2S} < z < \dfrac{R_l - 2R_h}{S}$，$\Delta z > \dfrac{R_l - 2R_h}{2S}$ 且 $\lambda < \dfrac{2(R_l - R_h - zS)}{R_l}$ 时，食品生产商和消费者策略选择的演化博弈动态趋势如图 5-12 所示。在这种情况下，根据雅可比矩阵的局部稳定性分析方法可以得到食品生产商和消费者的演化博弈均衡无稳定点，如表 5-4 所示。

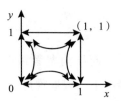

图 5 - 12   结论 2、结论 3 系统演化相位

表 5 - 4   结论（2）的均衡点的局部稳定性

均衡点	trJ	detJ	局部稳定性
(0, 0)		−	鞍点
(0, 1)		−	鞍点
(1, 0)		−	鞍点
(1, 1)		−	鞍点

结论（3）：若 $\dfrac{R_l - 2R_h}{S} < z < \dfrac{R_l - R_h}{S}$ 且 $0 < \lambda < \dfrac{2(R_l - R_h - zS)}{R_l}$ 时，在任意 $0 < \Delta z < 1 - z$ 的范围内，食品生产商和消费者策略选择的演化博弈动态趋势仍参见图 5 - 12。在这种情况下，根据雅可比矩阵的局部稳定性分析方法可得到食品生产商和消费者的演化博弈均衡无稳定点，如表 5 - 5 所示。

表 5 - 5   结论（3）的均衡点的局部稳定性

均衡点	trJ	detJ	局部稳定性
(0, 0)		−	鞍点
(0, 1)		−	鞍点
(1, 0)		−	鞍点
(1, 1)		−	鞍点

结论 (4)：若 $\dfrac{R_l - 2R_h}{2S} < z < \dfrac{R_l - 2R_h}{S}$，$\Delta z > \dfrac{R_l - 2R_h}{2S}$ 且 $\dfrac{2(R_l - R_h - zS)}{R_l} <$

$\lambda < 1$ 时，食品生产商和消费者策略选择的演化博弈动态趋势如图 5-13 所示。在这种情况下，根据雅可比矩阵的局部稳定性分析方法可以得到食品生产商和消费者的演化博弈均衡将趋于点 $B_3 = (1, 0)$，如表 5-6 所示。

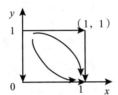

图 5-13　结论 4~结论 6 系统演化相位

表 5-6　　　　　　　　结论 (4) 的均衡点的局部稳定性

均衡点	trJ	detJ	局部稳定性
(0, 0)	+	+	不稳定点
(0, 1)		−	鞍点
(1, 0)	−	+	ESS
(1, 1)		−	鞍点

结论 (5)：若 $\dfrac{R_l - 2R_h}{S} < z < \dfrac{R_l - R_h}{S}$ 且 $\dfrac{2(R_l - R_h - zS)}{R_l} < \lambda < 1$ 时，

在任意 $0 < \Delta z < 1 - z$ 的范围内，食品生产商和消费者策略选择的演化博弈动态趋势仍如图 5-13 所示。在这种情况下，根据雅可比矩阵的局部稳定性分析方法可以得到食品生产商和消费者的演化博弈均衡将趋于点 $B_3 = (1, 0)$。结论 (5) 的均衡点的局部稳定性情况同表 5-6。

结论 (6)：若 $z > \dfrac{R_l - R_h}{S}$，在任意 $0 < \lambda < 1$，$0 < \Delta z < 1 - z$ 的范

围内食品生产商和消费者策略选择的演化博弈动态趋势依然如图 5-13所示。在这种情况下，根据雅可比矩阵的局部稳定性分析方法可以得到食品生产商和消费者的演化博弈均衡将趋于点 $B_3 =$（1，0）。结论（6）的均衡点的局部稳定性情况同表 5-6。

4. 演化博弈结果分析

由结论（1）可知，若 $0 < z < \dfrac{R_l - 2R_h}{2S}$，且 $\Delta z < \dfrac{R_l - 2R_h}{2S}$时，即当政府食品质量安全监管部门主动监管的概率和其对消费者举报的响应程度均较低时，不论消费替代水平如何，演化均衡状态均为食品生产者将选择生产劣质有害食品，同时消费者对有害食品生产商进行举报。在这种情况下，政府监管部门对于劣质有害食品生产商监管过松，并且对于消费者的举报也不加以重视，这就无法对劣质有害食品生产商产生足够的威慑力。不仅如此，有些监管者还可能涉嫌对劣质有害食品生产商进行包庇或合谋，极大地损害了消费者的利益。同时消费者为了维护自己的切身利益只能不断地对劣质有害食品生产商进行举报，但由于食品质量安全监管部门的不作为，导致生产劣质有害食品的成本较低，这就使得食品厂商产生了生产劣质有害食品的强烈动机和行为，反而增强了食品质量安全风险。

由结论（2）可知，若 $\dfrac{R_l - 2R_h}{2S} < z < \dfrac{R_l - 2R_h}{S}$，$\Delta z > \dfrac{R_l - 2R_h}{2S}$且 $\lambda < \dfrac{2(R_l - R_h - zS)}{R_l}$时，即当食品监管部门的主动监管概率和其对消费者举报的响应程度提高到一定水平而食品的消费替代水平较低时，演化均衡稳定状态不存在，最终的演化状态具有很大的随机性。在此种状态下：一方面，政府监管部门对劣质有害食品生产商的主动监管概率和其对消费者举报的响应程度均有所提高，这对消费者

的举报监管会有一定的替代作用，但是这种替代作用较弱，并不足以使消费者彻底转向不举报策略而完全依赖于监管部门的主动监管，消费者的举报策略和不举报策略并存；另一方面，由于消费替代程度较低，市场竞争程度有限，消费者难以在市场上找到合适的替代产品，这就导致了食品厂商生产劣质有害食品依然有利可图，再加上消费者的举报策略和不举报策略并存，进而致使食品厂商生产优质安全食品和生产劣质有害食品的策略并存。因而无法有效降低食品质量安全风险。

由结论（3）可知，当 $\dfrac{R_l - 2R_h}{S} < z < \dfrac{R_l - R_h}{S}$ 且 $0 < \lambda < \dfrac{2(R_l - R_h - zS)}{R_l}$ 时，即虽然食品监管部门的主动监管概率提高到一个较高的水平，但在食品的消费替代水平较低时，不论监管者对消费者举报的响应程度如何，演化均衡状态仍不存在，最终的演化状态具有很大的随机性。在此种状态下，虽然食品监管对劣质有害食品生产商的主动监管概率较大，对其具有较大的震慑作用，但由于食品的消费替代水平较低，仍不足以使消费者完全倾向于选择不举报策略而依赖于监管部门的主动监管，消费者的举报和不举报策略并存。同时由于食品生产者的策略选择与消费者的策略选择息息相关，这就导致了厂商生产优质安全食品和生产劣质有害食品的策略并存。因而不能使最终的演化均衡状态趋于稳定，进而也就无法有效抑制食品质量安全风险。

由结论（4）可知，若 $\dfrac{R_l - 2R_h}{2S} < z < \dfrac{R_l - 2R_h}{S}$，$\Delta z > \dfrac{R_l - 2R_h}{2S}$ 且 $\dfrac{2(R_l - R_h - zS)}{R_l} < \lambda < 1$，即虽然食品监管部门的主动监管概率处在一个并不太高的水平，但监管部门对消费者举报的响应程度比结论（1）时有所提高，特别是食品的消费替代水平较高，此时演化均衡状态为食品生产者将生产优质安全食品并且食品消费者不对其进行举报。在此状态下，食品的消费替代水平较高，消费者可以比较容

易找到替代品，因而食品生产者的市场竞争激烈，市场回归"优胜劣汰"法则。另外，虽然较低的主动监管概率对生产劣质有害食品厂商的震慑作用有限，但在由食品监管部门对消费者举报的响应所引起的震慑作用增加，以及较高的消费替代水平对食品生产商产生的竞争压力这两者的共同作用下，使食品厂商更倾向于生产优质安全食品，从而可有效降低食品供应链质量安全风险。

由结论（5）可知，当 $\dfrac{R_l - 2R_h}{S} < z < \dfrac{R_l - R_h}{S}$ 且 $\dfrac{2(R_l - R_h - zS)}{R_l} < \lambda < 1$，即在食品的消费替代水平较高时，随着食品监管部门主动监管概率的进一步提高，此时不论食品厂商对消费者举报的响应程度如何，演化均衡状态为食品生产者将生产优质安全食品并且食品消费者不对其进行举报。在此状态下，食品的消费替代水平较高，消费者可以比较容易找到替代品，食品生产者在品牌或品类竞争比较充分的市场环境下更倾向于选择生产优质安全食品。同时，监管部门对生产劣质有害食品厂商的主动监管概率进一步提高，对食品生产者的震慑作用越来越大，在食品市场竞争愈加激烈的条件下，足以促使生产者做出生产优质安全食品的理性选择，从而可以有效遏制食品供应链质量安全风险。

由结论（6）可知，当 $z > \dfrac{R_l - R_h}{S}$，即当政府食品监管部门的主动监管概率提高到一个很高的水平时，不管食品的消费替代水平如何，演化均衡状态为食品生产者将生产优质安全食品并且食品消费者不对其进行举报。在此状态下，政府监管对食品生产者产生了极大的震慑作用，并且这种震慑作用对其产生了一种明显的可置信的威胁，迫使其在高压期间选择生产优质安全食品，否则将面临极高的处罚。但在现实生活中，过高的主动监管概率无疑会使监管成本快速大幅增加，往往造成政府监管部门无力承担进而难以持续。

因此，在监管资源有限性条件制约下，为切实有效降低食品质量安全风险，可优先着重从结论（4）和结论（5）的均衡策略中进行选择。对于监管资源较缺乏的食品监管部门，其可以根据结论（4），在维持较高的消费替代水平条件下，同时保持适当水平的主动监管概率和较高的消费者举报响应度。而对于各项资源较为充足的食品监管部门，其可以根据结论（5），在维持较高的消费替代水平条件下，同时保持较高水平的主动监管概率。

5. 算例分析

下面通过算例仿真分析对以上结论进行验证。我们假定 $R_l = 6$，$R_h = 2$，$\pi = 8$，$t = 2$，$U_l = 6$，$S = 10$。此时 $\frac{R_l - 2R_h}{2S} = 0.1$，$\frac{R_l - 2R_h}{S} = 0.2$，$\frac{R_l - R_h}{S} = 0.4$。

（1）当 $0 < z < 0.1$，且 $\Delta z < 0.1$ 时。不妨取 $z = 0.06$，$\Delta z = 0.06$，$\lambda = 0.2$。我们通过 Matlab 软件进行仿真分析，用横轴和纵轴分别表示概率 x 和 y，得出了如图 5-14 所示的演化轨迹。从图 5-14 中可以看出，当政府食品质量安全监管部门主动监管的概率和其对消费者举报的响应程度均较低时，演化博弈均衡将趋于（0,1）点。

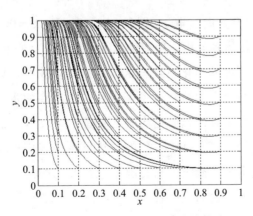

图 5-14　情况（1）下系统演化轨迹

（2）当 $0.2 < z < 0.4$ 时，取 $z = 0.3$。不妨令 $\Delta z = 0.4$，$\lambda = 0.2$。我们通过 Matlab 软件进行仿真分析，用横轴和纵轴分别表示概率 x 和 y，得出了如图 5 - 15 所示的演化轨迹。从图 5 - 15 中可以看出，在食品的消费替代水平较低的情况下，虽然食品监管部门的主动监管概率提高到一个较高的水平，且监管者对消费者举报的响应程度也较高，但演化均衡状态仍不存在，最终的演化状态具有很大的随机性。

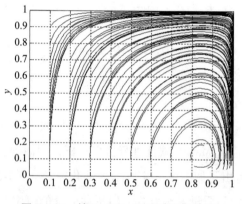

图 5 - 15　情况（2）下系统演化轨迹

（3）当 $z > 0.4$ 时。取 $z = 0.5$，$\Delta z = 0.05$，$\lambda = 0.2$。我们通过 Matlab 软件进行仿真分析，用横轴和纵轴分别表示概率 x 和 y，得出了如图 5 - 16 所示的演化轨迹。从图 5 - 16 中我们可以看出，当政府食品监管部门的主动监管概率提高到一个很高的水平时，即使食品的消费替代水平较低，演化均衡也可趋于（1，0）点。

从以上（1）、（2）和（3）的对比分析中我们可以发现：当食品的消费替代水平较低时，只有政府监管部门的主动监管概率处于一个很高的水平，食品生产者才可能选择生产优质安全食品策略。

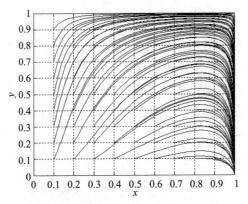

图 5 – 16   情况（3）下系统演化轨迹

（4）当 $0.1 < z < 0.2$，$\Delta z > 0.1$ 时。取 $z = 0.18$，$\Delta z = 0.6$，$\lambda = 0.8$。我们通过 Matlab 软件进行仿真分析，用横轴和纵轴分别表示概率 x 和 y，得出了如图 5 – 17 所示的演化轨迹。从图 5 – 17 中可以看出，当食品的消费替代水平较高时，政府监管部门通过保持适当的主动监管概率和消费者举报响应度，就可以使食品生产商和消费者的演化博弈均衡趋于（1，0）点。

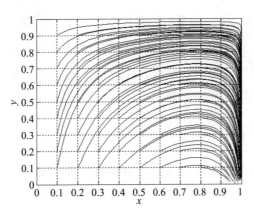

图 5 – 17   情况（4）下系统演化轨迹

（5）当 $0.2 < z < 0.4$ 时，取 $z = 0.3$，$\Delta z = 0.05$，$\lambda = 0.8$。我们通过 Matlab 软件进行仿真分析，用横轴和纵轴分别表示概率 x 和 y，得出了如图 5 - 18 所示的演化轨迹。从图 5 - 18 中可以看出，当食品的消费替代水平较高时，随着食品监管部门主动监管概率的进一步提高，此时即使食品厂商对消费者举报的响应程度较低，演化均衡仍可趋于（1，0）点。

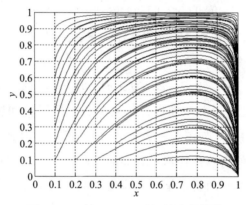

图 5 - 18　情况（5）下系统演化轨迹

从（4）和（5）的分析中我们可以发现：当食品的消费替代水平较高时，政府监管部门既可以通过保持适当的主动监管概率和消费者举报响应度，也可以通过保持较高的主动监管概率来激励食品生产者选择生产优质安全食品。

6. 小结与建议

通过食品供应链中食品生产商和消费者之间的动态演化博弈分析和算例仿真发现：当食品的消费替代水平较低时，只有政府监管部门的主动监管概率处于一个很高水平，食品生产者才可能选择生产优质安全食品，否则其更偏好于生产劣质有害食品。而当食品的消费替代水平较高时，政府监管部门既可以通过保持适当的主动监管概率和消费者举报响应度，也可以通过保持较高的主动监管概率来激励食品生产者选择生产优质安全食品。

为有效降低食品质量安全风险，促使广大食品厂商生产优质安全食品，需要以寻求协调均衡解为导向，形成食品生产者、消费者和政府多方合作博弈格局，可考虑以下策略：

一是重视消费替代。从优化食品消费供给侧结构出发，鼓励市场竞争，逐步提高食品的消费替代水平 λ。市场垄断者没有生产优质食品的动力，市场有效竞争才会迫使厂商提供优质食品。政府应加大对食品市场垄断的监管力度，通过鼓励创新、对优质安全新品牌或品类食品的开发进行必要补贴等方式，并结合第六产业思维，建造一系列的食品质量安全基地，积极引导诚信优质企业进入食品市场以增强市场的竞争性，增加优质安全食品的有效供给，为广大消费者提供多元化的优质安全食品消费选择。

二是强化监管效率。构建政府食品监管者激励机制，破除食品监管者和生产者的合谋障碍，提升监管者的法律、责任和安全意识。同时运用第四产业理念，构建"互联网＋行政"监管平台，提高食品企业信息公开度和自律性，降低政府监管成本，提高监管效率，促使食品监管者根据实际情况适当增加对劣质有害食品生产商主动监管的概率和处罚力度，并合理加大对消费者举报的响应度，即提高 zS 和 ΔzS 值，从而抑制食品供应链质量安全风险。

三是创新食品质量安全风险监管共治模式。以食品供应链全流程为监管对象，突出消费者进入监管主体体系的制度设计，鼓励举报，降低举报成本。同时组建并利用国家分级第三方认证与检测诚信联盟，通过联盟诚信价值提高优质安全食品生产者的收益水平 R_h，大幅削减或消除劣质有害食品生产者的收益 R_l。从而形成政府主导下的包括政府监管部门、生产经营者、消费者、第三方认证与检测机构、媒体以及行业协会等多元主体协同的防控食品供应链质量安全风险的社会共治格局，切实维护全社会食品质量安全。

5.2.3 厂商抽检、政府监管与食品质量安全风险控制

食品质量安全检测一直被视为一个影响食品质量安全风险调控的关键因素。费威（2016）利用声誉机制和规制理论，分析了品牌企业基于自身声誉做出的关于食品安全的生产检测等控制决策，食品企业对产品进行的质量安全检测水平，受到消费者对食品安全重视程度的正向影响以及检测控制成本和食品价格的负向影响。王等（Jining Wang et al.，2016）设计了食品供应链中从食品生产者到消费者的食品安全风险扩散模型，并将食品抽检率作为一个相应的控制指标，研究了抽检率变化对食品安全风险扩散的影响。邵明波等（2016）构建了关于食品安全的政府与市场合作治理理论拓展模型，发现无论是基于抽检和惩罚制度的政府治理机制，还是基于声誉机制的市场治理机制，单方面的作用是有限的，两者必须有机配合才能够达到食品质量安全治理效果。

基于前述研究，本节将构建一个以食品原材料供应商和食品生产商为主体，政府监管为各利益方协调者的博弈模型，探究政府不同的监管概率对食品生产商和原材料供应商防控食品质量安全风险行为优化决策的影响（晚春东等，2018）。

1. 基本假设与模型构建

在食品供应链中，原材料供应商和食品生产商分别处于上游供应和中游生产环节，且两者所处的生产和经营环境具有差异性、复杂多变性和信息不对称等特征，因而可以假定在食品生产商和原材料供应商的博弈中，它们都是有限理性者。不失一般性，假定原材

料供应商和食品生产商都具备两种策略。在原材料供应商节点，正常情况下，为扩大自己的销量及抢占原材料供应的市场份额，并提高自己的知名度，此时其会选择提供优质安全（H_1）的食品原材料这个策略。但是对于某些原材料供应商来说，其或是为了通过降低原材料成本来获取超额利润，或是认为整个原材料供应市场有许多其他厂商都在提供劣质有害食品原材料，自己提供劣质有害原材料也无妨而选择去向食品生产商供应劣质有害（L_1）食品原材料这个策略。同样的，对于食品生产商，生产优质安全的食品一方面可以大大提高自己的产品销量，提升自己的市场份额；另一方面生产优质安全的食品还可以大大提升自己的知名度，可以获得很多隐性的社会福利。此时食品生产商会选择生产优质安全（H_2）食品这个策略。为了确保自己能够生产优质安全食品，此类食品生产商会对其从上游原材料供应商处所购进的食品原材料进行抽检。然而，在某些食品生产商看来，通过生产劣质有害食品可以降低自己的产品成本，在短时间可以抢占大量的市场份额并可以获得短期的超额利润，且有其他厂商也在这样做，自己何尝不可。因此，其将选择生产劣质有害（L_2）食品这个策略。

对于食品原材料供应商，若其选择提供优质安全的食品原材料，则不论食品生产商如何选择，其都将获得 S_H 的利润；若原材料供应商选择提供劣质有害的食品原材料，同时食品生产商选择生产优质安全食品时，在没有外部监管及反馈的条件下，不良原材料供应商可以获得的利润为 S_L。但是政府监管部门会对食品原材料供应商的不法行为进行监管查处，g_s 为政府监管部门对其查处的概率，P_{GS} 为政府监管部门在查处后将会对其进行的处罚，因此，政府监管部门将会给不良原材料供应商带来 $g_s P_{GS}$ 的处罚。再者，为了确保自己能够生产优质安全食品，选择生产优质安全食品的生产商会对其从上游原材料供应商处所购进的食品原材料进行抽检，其有效抽检率为

$\beta(d_m, e_m)$，$0 \leqslant \beta(d_m, e_m) \leqslant 1$，这里的有效抽检率是指食品生产商对原材料供应商提供的原材料进行抽检并且在原材料供应商提供劣质有害食品原材料时一定可以识别出其不法行为的概率。有效抽检率 $\beta(d_m, e_m)$ 是由食品生产商的抽检意愿 d_m 和其有效技术设备投入率 e_m 所决定，抽检意愿是指食品生产商想要进行质量安全抽检并将其付诸行动的行为概率，而有效技术设备投入率是指生产商购进先进的检测技术设备并将其正常投入使用的行为概率，$0 \leqslant d_m \leqslant 1$，$0 \leqslant e_m \leqslant 1$。在选择生产优质安全食品的生产商抽检到劣质有害原材料时，将会对原材料供应商进行 P_{MS} 的处罚，因此不良食品原材料供应商将会受到优质食品生产商的处罚的期望值为 $\beta(d_m, e_m) P_{MS}$。根据以上分析，原材料供应商在选择提供劣质有害的食品原材料，同时食品生产商选择生产优质安全食品时，其可获得的最终利润为 $S_L - g_s P_{GS} - \beta(d_m, e_m) P_{MS}$；若原材料供应商选择提供劣质有害的食品原材料，同时食品生产商选择生产劣质有害食品时，由于此时食品生产商基于节约成本的考虑将不会对其提供的原材料进行抽检，原材料供应商将只受到政府监管部门的监管，因此在这种情况下，其可以获得的利润为 $S_L - g_s P_{GS}$。

对于食品生产商而言，若其选择生产优质安全食品，同时原材料供应商选择提供优质安全食品原材料，食品生产商将获得 $M_H - C_M$ 的利润，其中 M_H 为食品生产商将优质安全食品出售给食品经销商可以获得的利润，C_M 为食品生产商进行抽检时所耗费的成本；若食品生产商选择生产优质安全食品，而原材料供应商选择提供劣质有害食品原材料，此时，由于其对原材料供应商的不法行为进行抽检，食品生产商耗费了 C_M 的检测成本，同时得到了 $\beta(d_m, e_m) P_{MS}$ 的处罚收入，对于选择生产优质安全食品的生产商来讲，其处罚收入至少要大于其检测成本，因此我们可以假定此时的 $\beta(d_m, e_m) P_{MS} > C_M$，并且其还可以从其他原材料供应商处得到相应合格的原材料供应，其依然可以得到 $M_H - C_M$ 的利润。在此种条件下，食品生产商可以获得的利润总额为 $M_H - 2C_M + \beta(d_m, e_m)P_{MS}$；若食品生产商选择生产劣质有害食品，其不法行为可能会受到政府监管部门的监管查处，g_m 为政府监管部门将其查处的概率，P_{GM} 为政府监管部门在查处后将会对其进行的处罚，因此政府监管部门将会给其带来 $g_m P_{GM}$ 的处罚。再者，由于选择生产劣质有害食品的食品生产商一般不会对其所购进的原材料进行检验，则食品生产商选择生产劣质有害食品时，不论原材料供应商如何选择，食品生产商可以获得的利润均为 $M_L - g_m P_{GM}$。根据以上假设，可以构造出博弈支付矩阵如表 5 - 7 所示。

表 5 - 7　　食品原材料供应商和食品生产商的博弈支付矩阵

博弈主体及策略		生产商	
		优质安全 $H_1(\mu)$	劣质有害 $L_1(1-\mu)$
供应商	优质安全 $H_1(\alpha)$	$S_H, M_H - C_M$	$S_H, M_L - g_m P_{GM}$
	劣质有害 $L_1(1-\alpha)$	$S_L - g_s P_{GS} - \beta(d_m, e_m)P_{MS},$ $M_H - 2C_M + \beta(d_m, e_m)P_{MS}$	$S_L - g_s P_{GS}, M_L - g_m P_{GM}$

表 5 - 7 中 α 表示原材料供应商提供优质安全食品原材料的概率，$1 - \alpha$ 表示其提供劣质有害食品原材料的概率。μ 表示生产商生产优质安全食品的概率，$1 - \mu$ 表示其生产劣质有害食品的概率，$0 \leqslant \alpha, \mu \leqslant 1$。

根据博弈模型，原材料供应商若选择提供优质安全的食品原材料时可得的期望利润为 π_{SH_1}，若选择提供劣质有害的食品原材料时可得的期望利润为 π_{SL_1}，于是可得原材料供应商的总期望利润 $E_S = \alpha \pi_{SH_1} + (1 - \alpha)\pi_{SL_1}$。同理，食品生产商若选择生产优质安全食品时可得的期望利润为 π_{MH_2}，若选择生产劣质有害食品时可得的期望利润为

π_{ML_2}，进而可得食品生产商的总期望利润 $E_M = \mu\pi_{MH_2} + (1-\mu)\pi_{ML_2}$。

经相应简单计算，并依据马尔萨斯方程，可得原材料供应商提供优质安全食品原材料时的复制动态方程为：

$$S_{(\alpha,\mu)} = \frac{d\alpha}{dt}$$

$$= \alpha(\pi_{SH_1} - E_S)$$

$$= \alpha(1-\alpha)\left[S_H - S_L + \mu\beta(d_m,\ e_m)P_{MS} + g_s P_{GS}\right] \qquad (5-6)$$

类似地，可得食品生产商选择生产优质安全食品时的复制动态方程为：

$$M_{(\alpha,\mu)} = \frac{d\mu}{dt} = \mu(\pi_{MH_1} - E_M) = \mu(1-\mu)\left[M_H - 2C_M + \alpha C_M\right.$$

$$\left. + (1-\alpha)\beta(d_m,\ e_m)P_{MS} - M_L + g_m P_{GM}\right] \qquad (5-7)$$

由微分方程的性质可以发现，只有满足一定的条件才可以使方程达到稳定状态。因而，只有满足式（5-8）条件，才可使食品原材料供应商和食品生产商的策略达到稳定状态。

$$S_{(\alpha,\mu)} = 0,\ \frac{\partial S}{\partial\alpha} \leqslant 0 \text{ 或者 } M_{(\alpha,\mu)} = 0,\ \frac{\partial M}{\partial\mu} \leqslant 0 \qquad (5-8)$$

由上述条件可得食品供应商原材料提供策略和食品生产商生产策略的4种均衡情况：$Z_1 = (0,\ 0)$，$Z_2 = (0,\ 1)$，$Z_3 = (1,\ 0)$，$Z_4 = (1,\ 1)$。并且若 $\dfrac{S_L - S_H - \beta(d_m,\ e_m)P_{MS}}{P_{GS}} < g_s < \dfrac{S_L - S_H}{P_{GS}}$，$g_m > \dfrac{M_L + C_M - M_H}{P_{GM}}$

且 $\beta(d_m,\ e_m) > \dfrac{2C_M + M_L - M_H - g_m P_{GM}}{P_{MS}}$ 时，$Z_5 = (\alpha_0,\ \mu_0)$ 也是一种

均衡情况。其中 $\alpha_0 = \dfrac{M_H + \beta(d_m,\ e_m)P_{MS} + g_m P_{GM} - 2C_M - M_L}{\beta(d_m,\ e_m)P_{MS} - C_M}$，

$\mu_0 = \dfrac{S_L - S_H - g_s P_{GS}}{\beta(d_m,\ e_m)P_{MS}}$。

2. 食品原材料供应商和食品生产商的动态均衡策略分析

对于演化博弈来讲，不同的初始状态会给最终的结果带来很大

的差异，因此，有必要进行区别分析。当 $\mu = \mu_0$ 时，$\frac{\partial S}{\partial \alpha} = 0$，$\alpha$ 在
[0，1] 内均可使策略处于稳定状态，如图 5 – 19（a）所示。当 $\mu \neq$
μ_0 时，若要同时满足方程（5 – 6）和方程（5 – 8），则需 $\alpha = 0$ 或
$\alpha = 1$。因而 $\alpha = 0$ 或 $\alpha = 1$ 是两个稳定状态。若 $\mu > \mu_0$，则 $\alpha = 1$ 是稳
定状态。也就是说，当食品生产商选择生产优质安全食品的概率足
够大时，出于对食品生产商抽检的顾虑，原材料供应商的最优动态
策略就是提供优质安全的食品原材料，如图 5 – 19（b）所示。若
$\mu < \mu_0$，则 $\alpha = 0$ 是稳定状态。也就是说，当食品生产商选择生产优
质安全食品的概率足够小时，食品生产商的抽检对原材料供应商并
不能构成实质威胁，因而其最优动态策略就是提供劣质有害的食品
原材料，如图 5 – 19（c）所示。

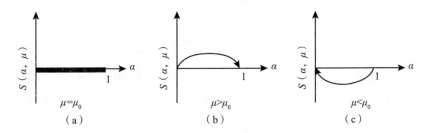

图 5 – 19　食品生产商—原材料供应商动态均衡策略

当 $\alpha = \alpha_0$ 时，$\frac{\partial M}{\partial \mu} = 0$，$\mu$ 在 [0，1] 内均可策略处于稳定状态，
如图 5 – 20（a）所示。当 $\alpha \neq \alpha_0$ 时，若要同时满足方程（5 – 7）
和方程（5 – 8），则需 $\mu = 0$ 或 $\mu = 1$。因而 $\mu = 0$ 或 $\mu = 1$ 是两个稳定
状态。若 $\alpha < \alpha_0$，则 $\mu = 1$ 是稳定状态。也就是说，当原材料供应商
选择提供优质安全食品原材料的概率足够小时，若此时食品生产商
选择生产劣质有害食品，则此时市场上将充斥劣质有害食品，这将

引起政府监管部门的足够重视，给食品生产商带来了巨大的威胁，因此在这种情况下，食品生产商的最优动态策略就是生产优质安全的食品，如图 5 - 20（b）所示。若 $\alpha > \alpha_0$，则 $\mu = 0$ 是稳定状态。也就是说，当原材料供应商选择提供优质安全食品原材料的概率足够大时，食品生产商的最优动态策略就是生产劣质有害食品，如图 5 - 20（c）所示。

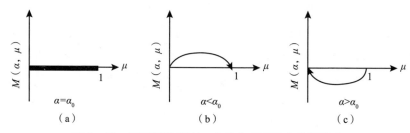

图 5 - 20　原材料供应商—食品生产商动态均衡策略

3. 基于有效抽检率的系统演化博弈分析

根据系统稳定性的性质，对于由式（5 - 6）和式（5 - 7）组成的动力学系统，由复制动态方程得到的均衡点并不一定是整个系统的演化稳定策略，即 ESS 策略。弗里德曼提出系统演化均衡点的稳定性可以通过雅可比矩阵的局部稳定性来进行分析。根据文献［139］，若用 J 表示雅可比矩阵，则有：

$$J = \begin{bmatrix} r_{11} & r_{12} \\ r_{21} & r_{22} \end{bmatrix}$$

其中，$r_{11} = \dfrac{\partial S}{\partial \alpha} = (1 - 2\alpha)\left[S_H - S_L + \mu\beta(d_m, e_m)P_{MS} + g_s P_{GS} \right]$，

$r_{12} = \dfrac{\partial S}{\partial \mu} = \alpha(1 - \alpha)\beta(d_m, e_m)P_{MS}$，

$r_{21} = \dfrac{\partial M}{\partial \alpha} = -\mu(1 - \mu)\left[\beta(d_m, e_m)P_{MS} - C_M \right]$，

$$r_{22} = \frac{\partial M}{\partial \mu} = (1-2\mu)\left[M_H - 2C_M + \alpha C_M + (1-\alpha)\beta(d_m,\ e_m)\right.$$

$$\left. P_{MS} - M_L + g_m P_{GM}\right]。$$

只有满足 $r_{11} + r_{22} < 0$ 且 $r_{11}r_{22} - r_{21}r_{12} > 0$ 的局部稳定条件的复制动态方程的平衡点，才能成为演化策略的均衡点（ESS），在此条件下，通过计算分析可以得到如下结论：

结论（1）：若 $\dfrac{S_L - S_H - P_{MS}}{P_{GS}} < g_s < \dfrac{S_L - S_H - \beta(d_m,\ e_m)P_{MS}}{P_{GS}}$，$g_m <$

$\dfrac{M_L + 2C_M - M_H - \beta(d_m,\ e_m)P_{MS}}{P_{GM}}$ 且 $\beta(d_m,\ e_m) < \dfrac{S_L - S_H - g_s P_{GS}}{P_{MS}}$ 时，可

得如图 5-21 所示的原材料供应商和食品生产商的策略选择动态演化趋势。在此情况下，根据雅可比矩阵的局部稳定性分析法可得食品原材料供应商和食品生产商的演化博弈均衡将趋于点 $Z_1 = (0,\ 0)$，如表 5-8 所示。

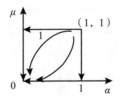

图 5-21　结论（1）系统演化相位

表 5-8　　　　　　　　结论（d1）的均衡点的局部稳定性

均衡点	trJ	detJ	局部稳定性
(0, 0)	−	+	ESS
(0, 1)		−	鞍点
(1, 0)		−	鞍点
(1, 1)	+	+	不稳定点

结论（2）：若 $\beta(d_m, e_m) < \dfrac{S_L - S_H - g_s P_{GS}}{P_{MS}}$，$\dfrac{S_L - S_H - P_{MS}}{P_{GS}} < g_s <$

$\dfrac{S_L - S_H - \beta(d_m, e_m) P_{MS}}{P_{GS}}$ 且 $g_m > \dfrac{M_L + C_M - M_H}{P_{GM}}$ 时，可得如图 5 - 22 所

示的原材料供应商和食品生产商的策略选择动态演化趋势。在此情
况下，根据雅可比矩阵的局部稳定性分析法可得原材料供应商和食
品生产商的演化博弈均衡将趋于点 $Z_2 = (0, 1)$，如表 5 - 9 所示。

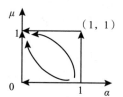

图 5 - 22　结论（2）系统演化相位

表 5 - 9　　　　　　　　结论（d2）的均衡点的局部稳定性

均衡点	trJ	detJ	局部稳定性
（0，0）		−	鞍点
（0，1）	−	+	ESS
（1，0）	+	+	不稳定点
（1，1）		−	鞍点

结论（3）：若 $\beta(d_m, e_m) > \dfrac{S_L - S_H - g_s P_{GS}}{P_{MS}}$，$g_s < \dfrac{S_L - S_H}{P_{GS}}$ 且

$\dfrac{M_L + 2C_M - M_H - \beta(d_m, e_m) P_{MS}}{P_{GM}} < g_m < \dfrac{M_L + C_M - M_H}{P_{GM}}$ 时，可得如图 5 - 23

所示的原材料供应商和食品生产商的策略选择动态演化趋势。在此
情况下，根据雅可比矩阵的局部稳定性分析法可得原材料供应商和
食品生产商的演化博弈均衡不存在，如表 5 - 10 所示。

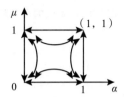

图 5 - 23　结论（3）系统演化相位

表 5 - 10　　　　　　结论（d3）的均衡点的局部稳定性

均衡点	trJ	detJ	局部稳定性
(0, 0)		−	鞍点
(0, 1)		−	鞍点
(1, 0)		−	鞍点
(1, 1)		−	鞍点

　　结论（4）：若 $\beta(d_m, e_m) < \dfrac{M_L + 2C_M - M_H - g_m P_{GM}}{P_{MS}}$，$g_s > \dfrac{S_L - S_H}{P_{GS}}$

且 $g_m < \dfrac{M_L + 2C_M - M_H - \beta(d_m, e_m) P_{MS}}{P_{GM}}$时，可得如图 5 - 24 所示的原

材料供应商和食品生产商的策略选择动态演化趋势。在此情况下，根据雅可比矩阵的局部稳定性分析法可得原材料供应商和食品生产商的演化博弈均衡将趋于点 $Z_4 = (1, 0)$，如表 5 - 11 所示。

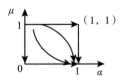

图 5 - 24　结论（4）系统演化相位

表 5 – 11　　　　　　　　结论（d4）的均衡点的局部稳定性

均衡点	trJ	detJ	局部稳定性
(0, 0)		–	鞍点
(0, 1)	+	+	不稳定点
(1, 0)	–	+	ESS
(1, 1)		–	鞍点

结论（5）：若 $g_s > \dfrac{S_L - S_H}{P_{GS}}$ 且 $g_m > \dfrac{M_L + C_M - M_H}{P_{GM}}$ 时，可得如图 5 – 25 所示的原材料供应商和食品生产商的策略选择动态演化趋势。在此情况下，根据雅可比矩阵的局部稳定性分析法可得原材料供应商和食品生产商的演化博弈均衡将趋于点 $Z_4 = (1, 1)$，如表 5 – 12 所示。

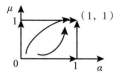

图 5 – 25　结论（5，6）系统演化相位

表 5 – 12　　　　　　　　结论（d5）的均衡点的局部稳定性

均衡点	trJ	detJ	局部稳定性
(0, 0)	+	+	不稳定点
(0, 1)		–	鞍点
(1, 0)		–	鞍点
(1, 1)	–	+	ESS

结论（6）：若 $\beta(d_m, e_m) > \dfrac{S_L - S_H - g_s P_{GS}}{P_{MS}}$，$g_s < \dfrac{S_L - S_H}{P_{GS}}$ 且 $g_m >$

$\dfrac{M_L + C_M - M_H}{P_{GM}}$ 时，可得如图 5 - 25 所示的原材料供应商和食品生产商的策略选择动态演化趋势。在此情况下，根据雅可比矩阵的局部稳定性分析法可得原材料供应商和食品生产商的演化博弈均衡将趋于点 $Z_4 = (1, 1)$，如表 5 - 13 所示。

表 5 - 13　　　　　结论（d6）的均衡点的局部稳定性

均衡点	trJ	detJ	局部稳定性
(0, 0)		−	鞍点
(0, 1)		−	鞍点
(1, 0)	+	+	不稳定点
(1, 1)	−	+	ESS

4. 演化博弈结果分析

由结论（1）可知，若 $\beta(d_m, e_m) < \dfrac{S_L - S_H - g_s P_{GS}}{P_{MS}}$，$\dfrac{S_L - S_H - P_{MS}}{P_{GS}} <$

$g_s < \dfrac{S_L - S_H - \beta(d_m, e_m) P_{MS}}{P_{GS}}$，且 $g_m < \dfrac{M_L + 2C_M - M_H - \beta(d_m, e_m) P_{MS}}{P_{GM}}$

时，即在政府监管部门对食品生产商和原材料供应商的监管概率都很小，且食品生产商的有效抽检率也较小时，将使食品生产商和原材料供应商均选择进行不法行为，演化均衡状态是在食品供应商选择提供劣质有害的食品原材料的同时，食品生产商选择生产劣质有害食品。在此情况下，政府监管部门对劣质有害食品生产商和提供劣质有害原材料的供应商的监管过松，这就无法对其产生足够的威慑力。另外，在政府监管过松的情况下，食品生产商出于获得超额利润的考虑，更加偏向于生产劣质有害的食品，这就会使其对于它上游的原材料供应商的质量控制行为松懈，导致其有效抽检率降低。由于政府的监管松懈和食品生产商较低的有效抽检率，上游原材料供应商将会出于利己的考虑，选择提供劣质有害的食品原材料来降低成本进而获得更多的利润。出于以上原因，使得食品生产商和原材料供应商产生了进行不法行为的强烈动机和行为，从而增强了食品质量安全风险。

由结论（2）可知，若 $\beta(d_m, e_m) < \dfrac{S_L - S_H - g_s P_{GS}}{P_{MS}}$，$\dfrac{S_L - S_H - P_{MS}}{P_{GS}} <$

$g_s < \dfrac{S_L - S_H - \beta(d_m, e_m) P_{MS}}{P_{GS}}$ 且 $g_m > \dfrac{M_L + C_M - M_H}{P_{GM}}$ 时，即在食品生产商

的有效抽检率较小且政府监管部门对原材料供应商的监管概率很低时，即使政府监管部门对食品生产商的监管概率较高，也只能使食品生产商倾向于生产优质安全产品而不能保证原材料供应商提供优质安全的食品原材料，演化均衡状态为食品生产商将选择生产优质安全食品，而原材料供应商将选择提供劣质有害的食品原材料。在该种情况下，虽然政府监管部门对食品生产商的监管概率较高，这将会使食品生产商在其自身这个环节选择生产优质安全食品，但食品生产商并未对原材料进行严格的质量安全控制，对原材料供应商的有效抽检率依然较低。由于食品生产商对原材料供应商的有效抽检率较低，并且政府监管部门对原材料供应商的监管也极为松懈，这将导致原材料供应商优先选择提供劣质有害的食品原材料，进而无法对食品质量安全风险进行有效控制。

由结论（3）可知，当 $\beta(d_m, e_m) > \dfrac{S_L - S_H - g_s P_{GS}}{P_{MS}}$，$g_s < \dfrac{S_L - S_H}{P_{GS}}$

且 $\dfrac{M_L + 2C_M - M_H - \beta(d_m, e_m) P_{MS}}{P_{GM}} < g_m < \dfrac{M_L + C_M - M_H}{P_{GM}}$ 时，即使政府

监管部门对食品生产商和原材料供应商的监管概率比结论（1）中

有所提高，并且使食品生产商提供较高的有效抽检率，也无法保证食品生产商和原材料供应商均选择提供优质安全产品，此时的演化均衡状态不存在。在这种情况下，虽然政府监管力度有所提高，但食品生产商仍然没有一定要生产优质安全食品的倾向，且其对原材料供应商没有进行严格质量控制的意愿。另外，虽然监管部门对原材料供应商的监管概率有所提高，但提高程度仍不足以使供应商倾向于选择提供优质安全的食品原材料，供应商的生产策略选择具有很大的随机性。如果食品生产商选择生产优质安全食品，并对原材料供应商进行严格质量控制，使有效抽检率足够高，这将会对供应商形成可置信的威胁，进而使供应商也选择提供优质安全的食品原材料。如果食品生产商选择生产劣质有害食品，此时即使其有意愿对食品供应商进行质量控制，但其出于自身利益将会导致有效抽检不足，对供应商难以形成有力的威胁，因而食品供应商会优先选择提供劣质有害食品原材料。通过以上分析，在此种状态下，食品生产商可在生产优质安全食品和生产劣质有害食品这两种策略间进行选择，这将导致原材料供应商也可在提供优质安全原材料和提供劣质有害原材料这两种策略间进行选择，进而无法对食品质量安全风险进行有效控制。

由结论（4）可知，当 $\beta(d_m, e_m) < \dfrac{M_L + 2C_M - M_H - g_m P_{GM}}{P_{MS}}$，

$g_s > \dfrac{S_L - S_H}{P_{GS}}$ 且 $g_m < \dfrac{M_L + 2C_M - M_H - \beta(d_m, e_m)P_{MS}}{P_{GM}}$ 时，即在食品生产商的有效抽检率和政府监管部门对食品生产商的监管概率都较低时，即使政府监管部门对原材料供应商的监管概率较高，也只能确保其一方守法经营，并不能保证食品生产商摒弃不法行为，演化均衡状态为原材料供应商将选择提供优质安全的食品原材料，但同时食品生产商却将会选择生产劣质有害食品。在该情况下，尽

管政府监管部门对原材料供应商的监管概率高到足以对原材料供应商产生了一个可以置信的威胁，使原材料供应商提供优质安全的原材料，但由于政府监管部门对食品生产商的监管概率很小，食品生产商出于自利原则将选择生产劣质有害食品，而不去进行有效的食品原材料质量检测等调控行为，从而无法对食品质量安全风险进行有效控制。

由结论（5）可知，当 $g_s > \dfrac{S_L - S_H}{P_{GS}}$ 且 $g_m > \dfrac{M_L + C_M - M_H}{P_{GM}}$ 时，即在政府监管部门对食品生产商和原材料供应商的监管概率都较高时，将会使食品生产商和原材料供应商摒弃不法行为，演化均衡状态为食品生产商将选择生产优质安全食品，同时原材料供应商也选择提供优质安全的食品原材料。在这种情况下，由于政府监管部门对食品生产商和原材料供应商的监管极为严厉，对其都形成了可信的威胁，它们迫于压力并出于利己的考虑都将摒弃不法行为，从而可对供应链视角下的食品质量安全风险进行有效控制。

由结论（6）可知，当 $\beta(d_m,\ e_m) > \dfrac{S_L - S_H - g_s P_{GS}}{P_{MS}}$，$g_s < \dfrac{S_L - S_H}{P_{GS}}$ 且 $g_m > \dfrac{M_L + C_M - M_H}{P_{GM}}$ 时，即在食品生产商的有效抽检率和政府监管部门对食品生产商的监管概率较高时，即使政府监管部门对原材料供应商的监管概率较低，也会使食品生产商和原材料供应商摒弃不法行为，演化均衡状态为食品生产商将选择生产优质安全食品，同时原材料供应商也选择提供优质安全的食品原材料。在该种情况下，由于政府监管部门对食品生产商的监管概率较高，这将对食品生产商产生一个可置信的威胁，使其优先选择生产优质安全食品。同时其将会加强对上游食品原材料供应商的质量安全控制，大大提高有效抽检率，此时，即使政府监管部门对食品原材料供应商的监管概率较低，但由于食品生产商的威慑，原材料供应商依然会优先选择提供优质安全的食品原材料，进而可对供应链视角下的食品质量安全风险进行有效控制。

然而在实际中，考虑到过高的监管概率无疑会快速并大幅增加监管成本，这很可能会使政府监管部门因无力承担而难以有效持续下去。因而，在有限的监管资源的约束下，为对食品质量安全风险进行有效控制，可将结论（5）和结论（6）的均衡策略作为优先备选方案。对于那些监管资源较为缺乏的食品监管部门，可以根据结论（6），在通过保持对食品生产商较高的监管概率并使其对食品原材料供应商维持较高的有效抽检率条件下，可以适当地降低对原材料供应商的监管概率。而对于那些各项资源均较为充足的食品监管部门，可以结论（5）为依据，同时对食品生产商和食品原材料供应商维持较高的监管概率。

5. 算例仿真分析

这里将利用 Matlab 软件，通过算例仿真分析来验证以上理论研究结果。假定 $M_L = 8$，$M_H = 6$，$C_M = 1$，$S_L = 6$，$S_H = 4$，$P_{GM} = 9$，$P_{GS} = 7$，$P_{MS} = 6$，此时 $\dfrac{S_L - S_H}{P_{MS}} = 0.33$，$\dfrac{S_L - S_H}{P_{GS}} = 0.29$，$\dfrac{M_L + 2C_M - M_H}{P_{GM}} = 0.44$。

（1）当 $\beta < 0.33 - 1.17g_s$，$g_s < 0.29 - 0.86\beta$，且 $g_m < 0.44 - 0.67\beta$ 时，不妨取 $\beta = 0.2$，$g_s = 0.1$ 和 $g_m = 0.1$。在使用 Matlab 软件进行仿真分析时，横轴表示概率 α，纵轴表示概率 μ，得到演化轨迹如图 5 - 26 所示。可以发现，若政府监管部门对食品生产商和原材料供应商的监管概率都很小，且食品生产商的有效抽检率也较小，则演化均衡状态将趋于（0，0）点。

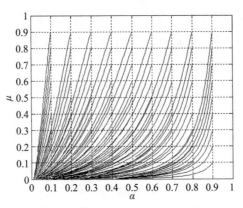

图 5-26 情况（1）下系统演化轨迹

（2）当 $\beta < 0.33 - 1.17g_s$，$g_s < 0.29 - 0.86\beta$，且 $g_m > 0.33$ 时，不妨取 $\beta = 0.2$，$g_s = 0.1$ 和 $g_m = 0.7$。通过仿真分析，得到演化轨迹如图 5-27 所示。可以发现，若政府监管部门对食品生产商的监管概率较高，但食品生产商的有效抽检率较小且政府监管部门对原材料供应商的监管概率很低，虽然图 5-27 中趋势不是十分明显，但依然可以发现演化均衡状态将趋于（0，1）。

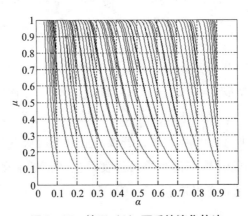

图 5-27 情况（2）下系统演化轨迹

（3）当 $\beta > 0.33 - 1.17 g_s$，$g_s < 0.29$ 且 $0.44 - 0.67\beta < g_m <$
0.33 时，不妨取 $\beta = 0.4$，$g_s = 0.2$ 和 $g_m = 0.3$。通过仿真分析，得
到的演化轨迹如图 5 – 28 所示。可以发现，虽然政府监管部门对食
品生产商和原材料供应商的监管概率比结论（1）中均有所提高，
且食品生产商提供了较高的有效抽检率，但也不能保证两者生产质
量安全产品，不存在演化均衡状态，最终的演化状态具有很大的不
确定性。

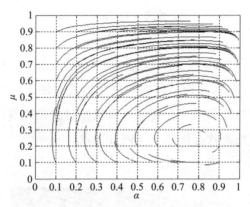

图 5 – 28　情况（3）下系统演化轨迹

（4）当 $\beta < 0.67 - 1.5 g_m$，$g_s > 0.29$ 且 $g_m < 0.44 - 0.67\beta$ 时，
不妨取 $\beta = 0.2$，$g_s = 0.5$ 和 $g_m = 0.1$。通过仿真分析，得到的演化
轨迹如图 5 – 29 所示。可以发现，若政府监管部门对原材料供应
商的监管概率较高，但即使食品生产商的有效抽检率和政府监管
部门对食品生产商的监管概率都较低，演化均衡状态仍将趋于
（1，0）点。

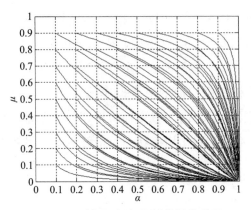

图 5 - 29　情况（4）下系统演化轨迹

（5）当 $g_s > 0.29$ 且 $g_m > 0.33$ 时，不妨取 $\beta = 0.5$，$g_s = 0.5$ 和 $g_m = 0.7$。通过仿真分析，得到的演化轨迹如图 5 - 30 所示。可以发现，在政府监管部门对食品生产商和原材料供应商的监管概率都较高时，演化均衡状态将趋于（1，1）点。

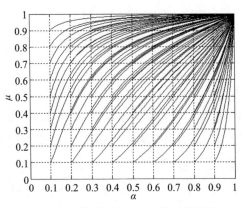

图 5 - 30　情况（5）下系统演化轨迹

（6）当 $\beta > 0.33 - 1.17g_s$，$g_s < 0.29$ 且 $g_m > 0.33$ 时，不妨取 $\beta = 0.4$，$g_s = 0.2$ 和 $g_m = 0.7$。通过仿真分析，得到的演化轨迹如

图 5 – 31所示。可以发现，在食品生产商的有效抽检率和政府监管部门对食品生产商的监管概率较高时，即使政府监管部门对食品原材料供应商的监管概率较低，也会使演化均衡状态趋于（1，1）点。

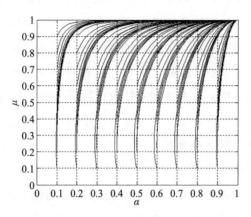

图 5 – 31　情况（6）下系统演化轨迹

6. 小结与建议

在对食品供应链中原材料供应商和食品生产商之间的动态演化博弈分析和算例仿真分析中发现：当政府监管部门对食品生产商和原材料供应商的监管概率都较高时，供应商将提供优质安全的食品原材料，同时食品生产商将选择生产优质安全的食品；当政府监管部门对食品生产商维持一个较高的监管概率，并且食品生产商对原材料供应商的有效抽检率也保持在一个较高的水平时，即使政府监管部门对原材料供应商的监管概率较低，也可以保证供应商提供优质安全的食品原材料，同时食品生产商生产优质安全的食品。

为切实有效降低供应链环境下的食品质量安全风险，促使广大供应商提供优质食品原材料，并使食品厂商生产更优质安全食品，需要构建一个食品生产商、原材料供应商和政府部门多方合作博弈格局，提出以下对策建议：

一是加强政府对食品生产商和原材料供应商的双重监管。政府应明确界定食品质量安全监管主体机构及其责任，建立科学合理的监管制度与机制，根据风险防控实际需要及政府财力情况，合理制定年度监管预算，再结合辖区内当前食品安全的整体形势和重点食品质量安全风险，确定不同食品的监管频次，并保证监管概率和力度达到有效水平，消除食品生产商和原材料供应商各自的违法与败德行为或合谋动机，坚决遏制重特大食品质量安全事故发生。

二是大力强化政府部门对食品生产商的监管力度，督促和鼓励食品生产商努力提高有效抽检率。食品生产商对原材料供应商的有效抽检率受其抽检意愿 d_m 和有效技术设备投入率 e_m 的双重耦合影响。只有当二者同时达到一定水平时才能得到较高的有效抽检率。因此，要提高食品生产商的有效抽检率，就必须要在抽检意愿和有效技术设备投入率其中一方不变的条件下努力提高另一方水平，或者使两者同时提高。可通过对食品生产商进行安全风险教育、强化责任意识、加大违法成本等措施促使其提高抽检意愿，考虑对检测技术设备投资提供必要的补贴以适当降低食品生产商抽检成本，激励其提高有效技术设备投入率，从而可有效降低供应链环境下的食品质量安全风险。

三是大力提升政府部门监管效率，创新食品检测与监管机制设计。依托现代信息技术构建"互联网＋"行政监管平台，提高食品供应链上下游企业的信息透明度和自律性，努力降低监管成本，促使食品监管者根据实际情况适当加大对劣质有害食品生产商和原材料供应商的监管概率。成立国家分级第三方认证与检测诚信联盟，利用联盟的诚信度和权威性，使得通过认证检测的企业产品能够获得诚信与优质的高额回报，大幅增加提供优质安全食品的生产者和原材料供应商的利润水平 S_H 和 M_H，同时大幅减少或消除劣质有害原材料供应商和食品生产者的利润水平，使有害厂商在市场竞争中逐渐无利可图，最终迫使其退出食品市场。尽快形成政府主导下多元主体参与的防控食品供应链质量安全风险的社会协调共治格局，进而可有效抑制食品供应链运行中的食品质量安全风险。

5.3　长三角地区食品质量安全风险防控协调机制建设与实践

2018 年 11 月 5 日，习近平总书记在首届中国国际进口博览会开幕式上宣布，将支持长江三角洲区域一体化发展并上升为国家战略。2019 年 3 月，在国家《政府工作报告》中明确提出把长三角一体化发展上升为国家战略。

为有效抑制食品供应链中的食品质量安全风险，切实提升长三角地区食品质量安全水平，坚决维护全社会食品质量安全，尽快形成以政府为主导多元主体参与的防控食品供应链质量安全风险的社会共治格局，开展长三角地区食品质量安全风险防控协调机制架构实践行动。近年来，长三角各省市为防控食品质量安全风险各自已先后出台了诸多防控措施，特别是长三角一体化发展上升为国家战略以来，长三角地区密集建立了一系列全域食品质量安全风险一体化防控协调机制。长三角地区三省一市（包括沪、苏、浙、皖）之间通过协商对话、签署合作协议和联合行动计划等，促进了整个长三角地区食品质量安全监管协调机制的建立和完善。

一是成立长三角农产品质量安全科技创新联盟。2017 年 8 月 13 日，长三角农产品质量安全科技创新联盟在沪成立。据悉，长三角农产品质量安全科技创新联盟由长三角区域三省一市以及投身于我国农产品质量安全科学技术研究、立志于推动农产品质量安全技术创新的长三角区域科研机构，大专院校，企业和社会团体自愿组成。各成员单位之间以农产品质量安全科学技术创新需求为纽带，以契约关系为保障，立足缔约各方共同利益，以产业需求为导向，整合多方科技资源，通过集成、协同创新，共同解决制约农产品质量安全的区域共性技术难题，搭建技术创新共享交流平台，为区域农产品质量安全监管提供技术支撑。

二是发布《2019 年长三角食品安全区域合作工作计划》。2018 年，上海牵头制定《长三角食品安全区域合作三年行动计划（2018 ~ 2020 年）》，在此基础上，2019 年 7 月 15 日，长三角地区三省一市又联合印发了《2019 年长三角食品安全区域合作工作计划》（以下简称《计划》）。根据该《计划》，三省一市于 8 月起联合开展为期 4 个月的肉及其制品专项整治提升行动、乳制品专项整治提升行动以及粮油及其制品专项整治提升行动，其中，8 月至 11 月为集中整治阶段。

严管猪肉违法行为，保障人民群众饮食安全。为加强长三角地区肉及其制品食品安全监管工作，三省一市联合印发了《长三角地区肉及其制品质量提升行动方案》。该方案要求，长三角地区各级监管部门要依法严厉打击生产经营来源不明、与票证不相符、未经检验检疫或检验检疫不合格肉及肉制品，标签标识不符合要求的预包装肉制品，无《入境货物检验检疫证明》的进口生鲜冻肉及肉制品，"三无"、过期肉制品以及注水肉、病害肉等违法行为，严防严控非洲猪瘟疫情，保障人民群众饮食安全。

交叉互查，对乳制品上下游企业进行集中整治。为加强长三角地区乳制品监管工作，提升乳制品质量安全水平，三省一市联合印发了《长三角地区乳制品质量提升行动方案》。该方案要求，长三角地区各级监管部门要采取联合执法、专项行动、交叉互查等多种形式，开展集中整治活动，要组织力量对生鲜乳收购、乳制品生产经营者进行集中监督检查。

加强粮油及其制品的全产业链监管。为加强长三角地区粮油及其制品安全监管工作，三省一市联合印发了《长三角地区粮油及其制品质量提升行动方案》。该方案中明确，在粮油种植环节开展源头治理，围绕农药残留超标、违禁使用等突出问题开展专项整治行动，针对重点时段、重点区域、重点产品和薄弱环节，加大执法查处力度，严厉打击违法违规行为，规范农产品及投入品生产经营行为。严格农药生产许可、经营许可审批，加强农药产品质量监管，打击违规添加隐形农药成分、制售假劣农药的违法行为。开展科学用药技术培训，积极推广病虫害绿色防控技术，加快推进高效低毒低残留农药的筛选推广应用。

为确保区域合作取得最佳效果，《计划》提出三省一市要加强会商交流、深化技术合作、强化监管协作、实施联合惩戒、促进案件协查、开展科技攻关、坚持深度融合及着眼常态长效，确保三省一市的区域合作取得最佳效果，共同保障三省一市人民群众的饮食安全（金辉、孙志云，2019）。

三是签署《长三角地区共同开展"满意消费长三角"行动方案》。2019 年 5 月 22 日，沪苏浙皖三省一市正式签署《长三角地区共同开展"满意消费长三角"行动方案》。依照该方案，三省一市将联动建设国家食品安全示范城市群，制定或修订《食品安全提前共商制度》，建立长三角地区食品安全质量互认与信息共享机制，加强食品安全风险的预警及处置机制，强化和落实源头整治、全程跟踪和数字化监管机制及评价细则等。2019 年 8 月 6 日，在长三角地区"满意消费长三角"行动专项工作组会议上，沪苏浙皖三省一市的市场监管局共同签署和联合发布了《长三角地区共同开展"满意消费长三角"行动实施方案（2019～2022 年）》和《长三角地区放心消费建设评价工作的指导意见》（李留义、罗月领，2020）。

四是签署《长三角区域食品安全风险预警交流合作框架协议》。

2019 年 11 月 22 日，沪苏浙皖市场监管部门在安徽省宣城市举办了首届长三角区域食品安全抽检及风险预警交流协作会，签署了《长三角区域食品安全风险预警交流合作框架协议》，合力构建长三角区域食品安全风险预警交流合作机制，提升食品安全风险防控和协同应对能力，促进区域内食品行业健康发展。沪苏浙皖市场监管部门坚持"主动通报、及时研判、快速预警、协同处置"四位一体的应对原则，充分发挥各方风险预警工作优势和特色，推动区域间食品安全信息互通、会商研判、预警交流、风险防控等领域的合作，探索建立区域间合作互动、优势互补、互利共赢的食品安全风险预警工作新模式。

根据合作框架协议内容，各方将主动通报食品安全监督抽检、风险监测、稽查执法、投诉举报、舆情监测、应急处置以及日常监管工作中发现的风险信息；适时召开区域食品安全风险预警交流会商会议，重点针对可能导致源头性、系统性、区域性的重大食品安全风险信息开展会商交流；搭建区域之间食品安全科普宣教合作平台，依托平台联合开展多种形式的食品安全科普活动；制定《长三角区域食品安全承检机构管理考核指导意见》，规范长三角区域食品安全抽样检验工作；建立长三角区域食品安全抽检监测专家库，全面提高监管及相关人员的食品安全风险预警专业技术水平（王换、孙志云，2019）。

五是启动长三角区域一体化食品安全信息追溯平台。2018 年 7 月，在上海市食品安全宣传周上，沪苏浙皖三省一市的食品安全监管部门签订了《长三角地区食品安全信息追溯体系建设战略合作协议》，相关企业签订了《长三角地区共建蔬菜主供应基地追溯系统及产销对接合作协议》。根据该协议，长三角地区将不断推进食品安全信息追溯体系一体化建设，实现平台共享、信息查询统一。2019 年 12 月 5 日上午，长三角区域一体化食品安全信息追溯平台启动仪式在上海举行。上海、江苏、浙江、安徽就具体合作事宜和行动方案进行了签约，明确将上海、南京、无锡、杭州、宁波、合肥六市列为"首批长三角食品安全信息追溯试点城市"，将猪肉、大豆油、粳米（包装）、冷鲜鸡（包装）、豇豆、番茄、土豆、冬瓜、辣椒、婴幼儿配方乳粉六大类 10 个品种作为追溯品种，力争到2020 年底实现试点城市上述品种追溯覆盖率和上传率达 100%。食品安全系长三角市场体系一体化建设的重要组成部分，参加试点的六个城市将充分运用现代科技，建设实用、管用的食品安全信息追溯系统，率先在食品安全追溯的系统建设、标准规范、管理要求等方面实现统一标准、统一规范，以信息化技术来推动创新监管方式，不断提高长三角区域食品供给质量，持续提升长三角地区食品安全总体水平，发挥好长三角的区域带动和示范作用，实现长三角更高质量一体化发展。

六是签署《长三角区域食品安全领域严重违法生产经营者黑名单互认合作协议》。2020 年 11 月，由上海、江苏、浙江、安徽三省一市信用办、市场监管局共同签署的《长三角区域食品安全领域严重违法生产经营者黑名单互认合作协议》正式发布，这为建立统一的长三角区域食品安全领域失信行为标准互认、信息共享互动、惩戒措施路径互通的严重违法生产经营者黑名单制度，推动长三角区域信用体系建设一体化迈出了坚实的一步。该协议作为长三角区域信用体系建设的重要组成部分，将为长三角区域食品安全领域实施跨区域、跨领域信用联合惩戒提供支撑，为规范净化食品领域市场环境提供抓手，进而促进食品行业的健康发展（赵伟莉，2020）。

以上这些举措有效推动了长三角地区食品质量安全监管协调机制的构建与完善。可以预见，随着这些食品质量安全风险防控协调机制的有效落实与运行，未来长三角地区的食品质量安全风险将会进一步降低，人民健康安全水平必将持续提高。

参 考 文 献

［1］曹进，周晓宏，孙宝国，等．食品加工过程的衍生毒物检测管理及发展综述［J］．中国药事，2011，25（9）：936－942.

［2］陈剑辉，徐丽群．弹性系数在供应链风险传导研究中的应用［J］．安徽农业科学，2007，35（1）：313－314.

［3］陈梅，茅宁．不确定性、质量安全与食用农产品战略性原料投资治理模式选择——基于中国乳制品企业的调查研究［J］．管理世界，2015（6）：125－140.

［4］陈秋玲，马晓姗，张青．基于突变模型的我国食品安全风险评估［J］．中国安全科学学报，2011（2）：152－158.

［5］陈思，吴昊，路西，等．我国公众食品添加剂风险认知现状及影响因素［J］．中国食品学报，2015，15（3）：151－157.

［6］陈锡进．中国政府食品质量安全管理的分析框架及其治理体系［J］．南京师大学报（社会科学版），2011（1）：29－36.

［7］程国平，张剑光．基于产品基因理论的供应链产品质量风险传导研究［J］．改革与战略，2009（7）：145－148.

［8］程铁军，冯兰萍．大数据背景下我国食品安全风险预警因素研究［J］．科技管理研究，2018（17）：175－181.

［9］邓明然．企业理财系统风险传导构成要素研究［J］．财会月刊，2010（11）：3－5.

［10］丁玉洁．食品安全预警体系构建研究——以江苏为例

［D］. 南京邮电大学，2011.

　　［11］范春梅，李华强，贾建民. 食品安全事件中公众感知风险的动态变化——以问题奶粉为例［J］. 管理工程学报，2013，27 (2): 17 – 22.

　　［12］费威. 我国品牌企业的食品安全控制及其政府监管［J］. 宏观经济研究，2016 (4): 70 – 77.

　　［13］冯朝睿. 我国食品安全监管体制的多维度解析研究——基于整体性治理视角［J］. 管理世界，2016 (4): 174 – 175.

　　［14］顾小林，张大为，张可浦，等. 基于关联规则挖掘的食品安全信息预警模型［J］. 软科学，2011，25 (11): 136 – 141.

　　［15］胡颖廉. 国家食品安全战略基本框架［J］. 中国软科学，2016 (9): 18 – 27.

　　［16］黄敏镁. 基于演化博弈的供应链协同产品开发合作机制研究［J］. 中国管理科学，2010 (6): 155 – 162.

　　［17］冀玮. 公共行政视角下的食品安全监管——风险与问题的辨析［J］. 食品科学，2012，33 (3): 313 – 317.

　　［18］简惠云，许民利，等. 风险规避下基于 Stackelberg 博弈与 Nash 讨价还价博弈的供应链契约比较［J］. 管理学报，2016 (3): 447 – 453.

　　［19］姜盼，杨曼，闫秀霞. 以生产企业为核心的食品供应链风险评价研究［J］. 数学的实践与认识，2019，49 (8): 1 – 8.

　　［20］靳明，赵敏，杨波，张英. 食品安全事件影响下的消费替代意愿分析——以肯德基食品安全事件为例［J］. 中国农村经济，2015 (12): 75 – 92.

　　［21］李昌兵，杨宇，敬艾佳. 食品供应链物流资源投入的演化博弈分析［J］. 统计与决策，2016 (9): 57 – 61.

　　［22］李刚. 供应链风险传导机理研究［J］. 中国流通经济，

2011（1）：41-44.

[23] 李亘，李向阳，刘昭阁. 完善中国食品安全风险交流机制的探讨 [J]. 管理世界，2017（1）：184-185.

[24] 李红. 中国食品供应链风险及关键控制点分析 [J]. 江苏农业科学，2012，40（5）：262-264.

[25] 李留义，罗月领. 长三角地区食品安全信用监管协调机制探讨 [J]. 征信，2020（4）：50-53.

[26] 李鹏，章力建. 绿色食品质量安全预警体系构建研究 [J]. 中国农业资源与区划，2013，34（5）：92-96.

[27] 李翔，徐迎军，尹世久，高杨. 消费者对不同有机认证标签的支付意愿——基于山东省752个消费者样本的实证分析 [J]. 中国软科学，2015（4）：49-56.

[28] 李永红，赵林度. 基于弹性模型的供应链风险响应分析 [J]. 系统管理学报，2010，19（5）：563-570.

[29] 李中东，张在升. 食品安全规制效果及其影响因素分析 [J]. 中国农村经济，2015（6）：74-84.

[30] 李宗泰，何忠伟. 基于进化博弈论的食品质量安全监管分析 [J]. 中国农学通报，2012，28（30）：312-316.

[31] 厉曙光，陈莉莉，陈波. 我国2004—2012年媒体曝光食品安全事件分析 [J]. 中国食品学报，2014，14（3）：1-8.

[32] 刘畅，张浩，安玉发. 中国食品质量安全薄弱环节、本质原因及关键控制点研究 [J]. 农业经济问题，2011（1）：24-31.

[33] 刘家国. 需求拉动型供应链突发风险传递模型 [J]. 运筹与管理，2011，20（5）：14-19.

[34] 刘鹏. 风险程度与公众认知：食品安全风险沟通机制分类研究 [J]. 国家行政学院学报，2013（3）：93-97.

[35] 刘小峰，陈国华，盛昭瀚. 不同供需关系下的食品安全

与政府监管策略分析 [J]. 中国管理科学，2010（2）：143 – 150.

[36] 刘亚平. 食品安全：从危机应对到风险规制 [J]. 社会科学战线，2012（2）：209 – 217.

[37] 罗季阳，张晓娟，王欣，等. 突发食品安全风险的早期识别 [J]. 食品工业科技，2012（20）：53 – 55.

[38] 马琳. 食品安全规制：现实、困境与趋向 [J]. 中国行政管理，2015（10）：135 – 139.

[39] 倪国华，郑风田. "一家两制"、"纵向整合"与农产品安全—基于三个自然村的案例研究 [J]. 中国软科学，2014（5）：1 – 10.

[40] 倪学志. 食品生产者伦理丧失的原因分析：基于消费者角度 [J]. 消费经济，2011（5）：45 – 47.

[41] 任端平，潘思轶，何晖，等. 食品安全、食品卫生与食品质量概念辨析 [J]. 食品科学，2006，27（6）：256 – 259.

[42] 任燕，安玉发，多喜亮. 政府在食品安全监管中的职能转变与策略选择——基于北京市场的案例调研 [J]. 公共管理学报，2011（1）：16 – 25，123.

[43] 邵明波，胡志平. 食品安全治理如何有效：政府还是市场 [J]. 财经科学，2016（3）：103 – 112.

[44] 石朝光，王凯. 基于产业链的食品质量安全管理体系构建 [J]. 中南财经政法大学学报，2010（1）：29 – 34.

[45] 唐晓纯. 多视角下的食品安全预警体系 [J]. 中国软科学，2008（6）：150 – 160.

[46] 晚春东，秦志兵，丁志刚. 消费替代、政府监管与食品质量安全风险分析 [J]. 中国软科学，2017（1）：59 – 69.

[47] 晚春东等. 供应链视角下食品质量安全风险调控投资研究 [J]. 科技管理研究，2019（5）：215 – 221.

[48] 晚春东，秦志兵，吴绩新．供应链视角下食品安全风险控制研究 [J]．中国软科学，2018（9）：184-192.

[49] 晚春东，宋威，索君莉．供应链视角下食品质量安全风险的 ISM 技术解析 [J]．科技管理研究，2015（20）：203-207.

[50] 晚春东，王娅，索君莉．供应链环境下食品质量安全风险问题研究 [J]．哈尔滨工业大学学报（社科版），2014（6）：136-140.

[51] 晚春东，余剑，晚国泽．基于 ISM 技术的食品供应链质量安全风险传导动因分析 [J]．科技管理研究，2016（18）：218-223.

[52] 万俊毅，罗必良．风险甄别、影响因素、网络控制与农产品质量前景 [J]．改革，2011（9）：78-85.

[53] 汪颢懿，卞玉芳，张瑞芳，等．基于极限学习机的肉制品质量风险预测研究 [J]．安全与环境工程，2019，36（10）：413-418.

[54] 汪何雅，纪丽君，钱和，等．国外食品安全风险排名中几个典型模型的比较 [J]．食品与发酵工业，2010，36（9）：119-123.

[55] 汪应洛．系统工程（第 4 版）[M]．北京：机械工业出版社，2011：45-54.

[56] 王秋石，时洪洋．食品安全治理改革的障碍与路径探析 [J]．当代财经，2015（8）：71-78.

[57] 王生平，张坤．食品质量安全源头管理再探 [J]．生产力研究，2009（19）：81-83.

[58] 王新平，张琪，孙林研．食品质量安全：技术、道德，还是法律？[J]．科学学研究，2012（3）：337-343.

[59] 王艳萍，冯正强．供应链视角下林下经济产品质量安全预警

模型研究［J］.中南林业科技大学学报，2019，39（5）：138－144.

［60］王元明，赵道致.建筑项目质量风险传递模型与控制研究［J］.商业经济与管理，2008（6）：15－20.

［61］王元明，赵道致，徐大海.项目供应链的风险单向传递机理及其对策［J］.北京交通大学学报（社科版），2009，8（4）：47－52.

［62］王中亮，石薇.信息不对称视角下的食品安全风险信息交流机制研究——基于参与主体之间的博弈分析［J］.上海经济研究，2014（5）：66－74.

［63］吴林海，吕煜昕，洪巍，等.中国食品安全网络舆情的发展趋势及基本特征［J］.华南农业大学学报（社会科学版），2015（4）：130－139.

［64］吴秀敏.我国猪肉质量安全管理体系研究［D］.浙江大学博士学位论文，2006.

［65］武力.基于供应链的食品安全风险控制模式研究［J］.食品与发酵工业，2010（8）：132－135.

［66］夏喆，邓明然.企业风险传导的动因分析［J］.理论月刊，2007（2）：164－167.

［67］夏喆.协同视角下企业风险传导的演化进程分析［J］.武汉理工大学学报，2010（24）：153－157.

［68］徐金海.政府监管与食品质量安全［J］.农业经济问题，2007（11）：85－90.

［69］许民利，王俏，欧阳林寒.食品供应链中质量投入的演化博弈分析［J］.中国管理科学，2012，20（5）：131－141.

［70］颜波，石平，张华英，等."农超对接"水产品供应链质量风险控制委托代理模型［J］.系统工程，2015（8）：8－16.

［71］杨万江.食品质量安全生产经济：一个值得深切关注的

研究领域 [J]. 浙江大学学报（人文社会科学版），2006，36（6）：136 - 144.

[72] 杨正勇，侯熙格. 食品可追溯体系及其主体行为的演化博弈分析 [J]. 山东社会科学，2016（4）：132 - 137.

[73] 叶建木，邓明然，王洪远. 企业风险传导机理研究 [J]. 理论月刊，2005（3）：156 - 158.

[74] 曾欣平，吕伟，刘丹. 基于供应链和可拓物元模型的乳制品企业食品质量安全风险预警研究 [J]. 安全与环境工程，2019，26（3）：145 - 151.

[75] 詹承豫. 风险治理的阶段划分及关键要素——基于综合应急、食品安全和学校安全的分析 [J]. 中国行政管理，2016(6)：124 - 128.

[76] 张东玲，高齐盛，杨泽慧. 农产品质量安全风险评估与预警模型：以山东蔬菜出口示范基地为例 [J]. 系统工程理论与实践，2010，30（6）：1125 - 1131.

[77] 张国兴，高晚霞，管欣. 基于第三方监督的食品安全监管演化博弈模型 [J]. 系统工程学报，2015（2）：153 - 164.

[78] 张红霞，安玉发. 食品质量安全信号传递的理论与实证分析 [J]. 经济与管理研究，2014（6）：123 - 128.

[79] 张红霞，安玉发. 食品生产企业食品安全风险来源及防范策略——基于食品安全事件的内容分析 [J]. 经济问题，2013（5）：73 - 76.

[80] 张金荣，刘岩，张文霞. 公众对食品安全风险的感知与建构——基于三城市公众食品安全风险感知状况调查的分析 [J]. 吉林大学社会科学学报，2013，53（2）：40 - 49.

[81] 张曼，喻志军，郑风田. 媒体偏见还是媒体监管？——中国现行体制下媒体对食品安全监管作用机制分析 [J]. 经济与管

理研究, 2015 (11): 106 – 114.

[82] 张守文. 当前我国围绕食品安全内涵及相关立法的研究热点——兼论食品安全、食品卫生、食品质量之间关系的研究 [J]. 食品科技, 2005 (9): 1 – 6.

[83] 张卫斌, 顾振宇. 基于食品供应链管理的食品安全问题发生机理分析 [J]. 食品工业科技, 2007 (1): 215 – 216.

[84] 张文胜, 王硕, 安玉发, 等. 日本"食品交流工程"的系统结构及运行机制研究——基于对我国食品安全社会共治的思考 [J]. 农业经济问题, 2017 (1): 100 – 108.

[85] 张煜, 汪寿阳. 食品供应链质量安全管理模式研究 [J]. 管理评论, 2010 (10): 67 – 73.

[86] 张云华, 孔祥智. 食品供给链中质量安全问题的博弈分析 [J]. 中国软科学, 2004 (1): 23 – 26.

[87] 章德宾, 徐家鹏, 许建军, 等. 基于监测数据和BP神经网络的食品安全预警模型 [J]. 农业工程学报, 2010, 26 (1): 221 – 226.

[88] 钟真, 雷丰善, 刘同山. 质量经济学的一般性框架构建——兼论食品质量安全的基本内涵 [J]. 软科学, 2013, 27 (1): 69 – 73.

[89] 周三元. 基于供应链视角下农产品质量安全风险影响因素分析 [J]. 中国流通经济, 2013 (6): 45 – 48.

[90] 周雪巍, 郑楠, 韩荣伟, 等. 国内外农产品质量安全风险预警研究进展 [J]. 中国农业科技导报, 2014, 16 (3): 1 – 7.

[91] 周应恒, 霍丽玥. 食品质量安全问题的经济学思考 [J]. 南京农业大学学报, 2003, 26 (3): 91 – 95.

[92] 周早弘. 我国公众参与食品安全监管的博弈分析 [J]. 华东经济管理, 2009 (9): 105 – 108.

[93] 邹俊. 食品安全供应链的透明度和诚信风险评价体系构

建 ［J］. 商业经济研究, 2018 (4)：28 - 30.

［94］ Aleda V Roth, Andy A Tsay. Unraveling The Food Supply Chain：Strategic insights from China and the 2007 Recalls ［J］. Supply Chain Management, 2008 (1)：22 - 39.

［95］ Antle J M. No such thing as a free safe lunch：the cost of food safety regulation in the meat industry ［J］. American journal of Agricultural economics, 2000, 82 (2)：310 - 315.

［96］ Brewer M S, Prestat C J. Consumer attitudes toward food safety issues ［J］. Journal of Food Safety, 2007, 22 (2)：67 - 83.

［97］ Cachon G P, Larivere M A. Supply Chain coordination with Revenue Sharing Contracts：strengths and limitations ［J］. Management Science, 2005, 51 (1)：30 - 44.

［98］ Caswell J A, Mojduszka E M. Using informational labeling to influence the market for quality in food products ［J］. American Journal of Agricultural Economics, 1996, 78 (4)：1248 - 1253.

［99］ Christopher James Griffith. Do businesses get the food poisoning they deserve?：The importance of food safety culture ［J］. British Food Journal, 2010, 112 (4)：416 - 425.

［100］ C J Griffith, K M Livesey, D Clayton. The assessment of food safety culture ［J］. British Food Journal, 2010, 112 (4)：439 - 456.

［101］ Constanza Bianchi, Gary Mortimer. Drivers of local foodconsumption：a comparative study ［J］. British Food Journal. 2015, 117 (9)：2282 - 2299.

［102］ Das K, Lashkari R S. Risk readiness and resiliency planning for a supply Chain ［J］. International Journal of Production Research, 2015, 53 (22)：1 - 20.

[103] Diabat Ali, Govindan Kannan, Panicker Vinay V. Supply Chain risk management and its mitigation in a food industry [J]. International Journal of Production Research. 2012, 50 (11): 3039 – 3050.

[104] Dreyer M, Renn O, Cope S et al. Including social impact assessment in food safety governance [J]. Food Control, 2010, 21 (12): 1620 – 1628.

[105] EFSA (European Food Safety Authority). Definition and description of "emerging risks" within the EFSA's mandate [R]. 2007.

[106] Erin Holleran, Maury E Bredahl, Lokman Zaibet. Private incentives for adopting food safety and quality assurance [J]. Food Policy, 1999 (24): 589 – 603.

[107] FAO/WHO. Food safety risk analysis: A guide for national food safety authorities [R]. Rome, Italy. FAO, 2006.

[108] Fares M, Rouviere E. The implementation mechanisms of voluntary food safety systems [J]. Food policy, 2010 (35): 412 –418.

[109] Fearne, S Hornibrook, S Dedman. The Management of Perceived Risk in the Food Supply Chain: a Comparative Study of Retailer-led Beef Quality Assurance Schemes in Germany and Italy [J]. Management review, 2001, 4 (1): 19 – 36.

[110] Florig H K, Morgan M G, Morgan K M et al. A Deliberative Method for Ranking Risks (I): Overview and Test Bed Development [J]. Risk Analysis, 2001, 21 (5): 913 –921.

[111] Fotpoulos C V, Kafetzopoulos D P, Psomas E L. Assessing the critical factors and their impact on the effective implementation of a food safety management system [J]. International Journal of Quality & Reliability Management, 2009, 26 (9): 894 –910.

[112] Friedman D. Evolutionary games in economics [J]. Econo-

metrica, 1991, 59 (3): 637 - 666.

[113] Gartinez M, Fearne A, Caswell J A, Henson S. Co-regulation as a possible model for food safety governance: opportunities for public-private parterships [J]. Food policy, 2007, 32 (3): 299 - 314.

[114] Helen P, Michael S. An International Case Study of Cultural Diversity and the Role of Stakeholders in the Establishment of a European/Indonesian Joint Venture in the Aerospace Industry [J]. The Journal of Business & Industrial Marketing, 2000, 15 (4): 275 - 290.

[115] Hyun JoungJin. A bias in measuring consumer responses towardsfood safety issues due to imperfect substitutionbetween foods [J]. Applied Economics Letters, 2014, 21 (12): 823 - 827.

[116] Jane Dixon, Carol Richards. On food security and alternative food networks: understanding and performing food security in the context of urban bias [J]. Agriculture and Human Values, 2016, 33: 191 - 202.

[117] J. H. Trienehens, etal. Transparency in complex dynamic food supply Chains [J]. Advanced Engineering Informatics, 2012, (26): 55 - 65.

[118] Kleter G A, Groot M J, Poelman M et al. Timely awareness and prevention of emerging chemical and biochemical risks in food: proposal for a strategy based on experience with recent cases [J]. Food and Chemical Toxicology, 2009, 47: 992 - 1008.

[119] Kleter G A, Marvin H J P. Indicator of emering hazards and risk to food safety [J]. Food and Chemical Toxicology, 2009, 47 (5): 1022 - 1039.

[120] Knemeyer A M, Zinn W, Eroglu C. Proactive planning for catastrophic events in supply chains [J]. Journal of Operations Management, 2009, 27 (2): 141 - 153.

[121] Liu Yongsheng, Wei Xuan. Food Supply Chain Risk Management Situation Evaluation Model Based on Factor Analysis [J]. International Business and Management, 2016, 12 (2): 40 – 46.

[122] L Manning, J M Soon. Mechanisms for assessing food safety risk [J]. British Food Journal, 2013, 115 (3): 460 – 484.

[123] Louise Manning. Development of a food safety verification risk model [J]. British Food Journal, 2013, 115 (4): 575 – 589.

[124] Lupo C, Wilmart O, Huffel X V et al. Stakeholders' perceptions, attitudes and practices towards risk prevention in the food Chain [J]. Food Control, 2016, (66): 158 – 165.

[125] Martinez M G, Fearne A, Caswell J A. Co-regulation as a possible model for food safety governance: opportunities for public-private partnerships [J]. Food policy, 2007 (32): 299 – 314.

[126] Marvin H, Kleter G, Frewer L et al. A working procedure for identifying emerging food safety issues at an early stage: Implications for European and international risk management practices [J]. Food Control, 2009 (20): 345 – 356.

[127] Miewald C, Ostry A, Hodgson S. Food safety at the small scale: the case of meat. Inspection regulations in British columbia's rural and remote communities [J]. Journal of rural in studies, 2013, 32 (10): 93 – 97.

[128] Ortega D, Wanga H H et al. Modeling heterogeneity in consumer preferences for select food safety attributes in china [J]. Food policy, 2011, 36: 318 – 324.

[129] Rao T, Tobias S. Assessing and managing risks using the Supply Chain Risk Management Process (SCRMP) [J]. Supply Chain Management, 2011, 16 (6): 474 – 483.

[130] Rishabh R, Jitesh J T, Jitebdra K J. A quantitative risk assessment methodology and evaluation for food supply Chain [J]. The International Journal of Logistics Management, 2017, 28 (4): 1272 – 1293.

[131] Ruth M W Yeung, Joe Morris. Food safety risk: Consumer perception and purchase behaviour [J]. British Food Journal, 2001, 103 (3): 170 – 187.

[132] Sandra Buchler, Kiah Smith, Geoffrey Lawrence. Food risks, old and new: Demographic characteristics and perceptions of food additives, regulation and contamination in Australia [J]. Journal of Sociology, 2010, 46 (4): 353 – 374.

[133] Singer M, Donoso P, Traverso P. Quality strategies in supply Chain alliances of disposable items [J]. Omega, 2003 (31): 499 – 509.

[134] Susan Miles, Mary Brennan, Sharron Kuznesof, et al. Public worry about specific food safety issues [J]. British Food Journal, 2004, 106 (1): 9 – 22.

[135] Thomas Ross, John Sumner. A Simple, Spreadsheet-based, Food Safety Risk Assessment Tool [J]. International Journal of Food Microbiology, 2002, 77: 39 – 53.

[136] Valeeva N I, Ruud B M et al. Modeling farm-level strategies for improving food safety in the dairy Chain [J]. Agricultural systems, 2007, 94 (2): 528 – 540.

[137] Van Asselt E D, Meuwissen M P M. Selection of critical factors for identifying emerging food safety risks in dynamic food production chains [J]. Food Control, 2010, (21): 919 – 926.

[138] Wang J, Chen T. The spread model of food safety risk under the supply-demand disturbance [J]. Springerplus, 2016, 5 (1): 1765.

[139] Webster K, Cindy G Jardine, Lynn McMullen et al. Risk

Ranking: Investigating Expert and Public Differences in Evaluating Food Safety Risk [J]. Journal of Food Protection, 2010, 73 (10): 1875 – 1885.

[140] Wendy Van Rijswijk, Lynn J. Frewer. Consumer perceptions of food quality and safety and their relation to traceability [J]. British Food Journal, 2008, 110 (10): 1034 – 1046.

[141] Wentholt M, Fischer A. Effective identification and management of emerging food risks: Results of an international Delphi survey [J]. Food Control, 2010 (21): 1731 – 1738.

[142] Williams M S, Ebel E D, Vose D. Framework for microbial food-safety risk assessments amenable to Bayesian modeling [J]. Risk Analysis, 2011, 31 (4): 548 – 565.

[143] Xiao T J, Qi X T, Yu G. Coordination of supply Chain after demand disruptions when retailers compete [J]. International Journal of Production Economics, 2007, (109): 162 – 179.

[144] Xu C J, Liang S X, Jiang J et al. A Study on Supplier Evaluation in Risk Control Based on Food Supply Chain [J]. IEEE International Conference on Management of Innovation & Technology, 2010: 181 – 185.

[145] Y Li, M R Kramer, A J M Beulens et al. A framework for early warning and proactive control systems in food supply Chain networks [J]. Computers in Industry, 2010, 61 (9): 852 – 862.

[146] Yu H S, Zeng A Z, Zhao L D. Single or dual sourcing: Decision-making in the presence of supply Chain disruption risks [J]. The International Journal of Management Science, 2009, 37: 788 – 800.